基幹講座　数学

統計学

基幹講座 数学 編集委員会 編

中村　和幸 著

代表編集委員

砂田 利一
新井 敏康
木村 俊一
西浦 廉政

[R] 〈日本複製権センター委託出版物〉

本書を無断で複写複製（コピー）することは，著作権法上の例外を除き，禁じられています．本書をコピーされる場合は，事前に日本複製権センター（電話 03-3401-2382）の許諾を受けてください．

『基幹講座　数学』刊行にあたって

　数ある学問の中で，数学ほど順を追って学ばなければならないものは他にはないだろう．5 世紀の新プラトン主義者であるプロクルスは，ユークリッドの『原論』への注釈の中で，「プトレマイオス王が，幾何学を学ぶのに手取り早い道はないものかとユークリッドに訊ねたところ，『幾何学に王道なし』とユークリッドは答えた」という有名な逸話を述べている．この逸話の真偽は別として，数学を学ぶには体系的に王道を歩むことしかないのである．これを怠れば，現代数学の高みに達することは覚束ないし，科学技術における真のイノベーションを期するための数学的知識の獲得も困難になるだろう．

　本講座は，理工系の学生が学ぶべき数学を懇切丁寧に解説することを目的としている．ただ単に数学的事柄を並べるだけでなく，通常は行間にあって読者が自力で読み解くことが期待される部分にも十分注意を払い，ともすれば長く暗いトンネルの中を歩くかのような学習を避けるために，随所に「明り採り」を設けて，数学を学ぶ楽しさを味わってもらう．古代バビロニア以来の 4,000年の歴史を持つ数学を，読者には是非とも理解し楽しんでもらいたい．これが本講座の著者たちの切なる願いである．

2016 年 8 月

代表編集委員

砂田 利一

新井 敏康

木村 俊一

西浦 廉政

まえがき

　本書では，あらゆる分野において統計学が必要となっているという最近の状況を踏まえ，実際に統計手法が必要となった時の良きガイドとなることを目指している．そのため，基幹講座シリーズとしての数学的背景を大切にするのは勿論のこと，現実に広く用いられている統計手法や考え方にも目配りをして書いている．内容面では，従来の教養レベルの統計学の内容を押さえながら，同時に，ベイズ統計学，多変量解析，モンテカルロ法といった，通常の基礎的な書籍では触れられることが少ない事項についても説明するようにしている．

　本書を書くにあたっては，これまで関わってきたさまざまな自然科学，人文社会科学分野の研究者との共同研究の経験を背景に，「実際に必要な統計学の枠組とは何か？」ということを意識した．実際の問題に統計学を適用する際には，データの背景を適切に知ったうえで，数理的な整理や統計学的な物の見方をうまくフィットさせて問題を解決するという作業が必要になる．そのためには，数学的に首尾一貫して整理した体系を知っているだけでは駄目で，「データと数学的な体系をどうバランスするか？」ということを意識し，幅広い統計手法の中から手法を選び，時には作り出すことが必要となる．このような問題意識のもと，数理的体系に加え，実際の問題との関わりについても触れるようにしている．そのため，理工系の学生の教科書としてだけでなく，意欲的な文科系の学生や各分野の研究者にも是非手に取ってほしいと考えている．

本書は，多くの研究者との議論の経験に支えられていると同時に，多くの方の協力によって生み出されており，その全員に感謝したい．特に，機会を与えてくださった編集委員の各先生，原稿にコメントしてくださった松山直樹先生，なかなか執筆が進まない中も粘り強く時には遅い時間までお付き合いくださった東京図書編集部の清水剛氏と市川由子さんに深く感謝したい．本書によって，統計学に興味を持つ人が増えると同時に，実際の問題解決に役立つ場面が出てきてほしいと願っている．

　2017 年 4 月

中村和幸

目　次

まえがき --- v

第1章　データの記述と要約統計量 ----------------------------- 1

  1.1　データの考え方　　　　　　　　　　　　　　　　1

  1.2　データの分類　　　　　　　　　　　　　　　　2

  1.3　1次元量的データの記述統計　　　　　　　　　2

  1.4　箱ひげ図　　　　　　　　　　　　　　　　　8

  1.5　1次元質的データの記述統計と可視化　　　　9

  1.6　2次元・多次元量的データの可視化と記述統計量　　10

  1.7　多次元データの可視化　　　　　　　　　　　16

  1.8　2次元・多次元質的データの集計と可視化　　18

  1.9　時系列データの可視化と統計量　　　　　　　20

  1.10　空間データの可視化と統計量　　　　　　　23

第2章　統計的推測と確率 ----------------------------------- 25

  2.1　統計的推測と確率の必要性　　　　　　　　　25

  2.2　確率の準備　　　　　　　　　　　　　　　　26

  2.3　事象と集合　　　　　　　　　　　　　　　　29

  2.4　確率　　　　　　　　　　　　　　　　　　　33

第3章　確率変数 --- 39

  3.1　確率変数　　　　　　　　　　　　　　　　　39

vii

目　次

第4章	確率分布	45
4.1	確率分布	45
4.2	確率分布のパラメータ	51
4.3	確率変数の期待値と分散	52
4.4	さまざまな離散型確率分布	54
4.5	連続確率分布	62
第5章	確率変数の独立性と条件付き期待値	73
5.1	同時分布と周辺分布	73
5.2	2次元確率変数の期待値と共分散	75
5.3	確率変数の独立と条件付き確率	76
5.4	条件付き期待値	82
5.5	ベイズの定理	85
第6章	確率変数の変換	87
6.1	確率変数の和の性質	87
6.2	モーメント母関数	89
6.3	確率変数の変換	92
第7章	中心極限定理	95
7.1	チェビシェフの不等式	95
7.2	大数の法則	97
7.3	中心極限定理	99
第8章	サンプリングと統計的推測	105
8.1	推測統計学と記述統計学の違い	105
8.2	サンプリングと実現	107
8.3	母集団分布と推定量	109

目　次

8.4	モーメント法	111
8.5	最尤法	112
8.6	ベイズ主義によるパラメータ推論	113
8.7	事後確率最大化法	114

第 9 章　点推定 — 121

9.1	点推定と各種推定量	121
9.2	点推定量の性質	123
9.3	ベイズ主義における点推定	126

第 10 章　区間推定 — 131

10.1	点推定と区間推定	131
10.2	さまざまな区間推定	132
10.3	ベイズ主義における区間推定	136

第 11 章　検定 — 139

11.1	仮説検定とは	139
11.2	仮説検定の考え方	140
11.3	1 群の t 検定	142
11.4	対応のある 2 群の t 検定	144
11.5	対応のない 2 群の t 検定	145
11.6	F 検定	148
11.7	適合度検定	149
11.8	質的データ分析における分割表の独立性の検定	150
11.9	検定の多重性について	152

第 12 章　回帰モデル — 155

12.1	回帰分析とは	155

ix

目　次

12.2	単回帰分析	155
12.3	重回帰分析	159
12.4	決定係数	160
12.5	質的データとダミー変数	161
12.6	モデル選択	164

第13章　多変量解析 167

13.1	主成分分析	167
13.2	因子分析	177
13.3	分類・判別分析	179

第14章　サンプリングとモンテカルロ法 189

14.1	サンプリングとモンテカルロ法	189
14.2	分布に従う確率変数の実現値の生成	190
14.3	多変量正規分布に従う乱数の生成	192
14.4	モンテカルロ法による各種統計量・分布の計算	194
14.5	発展的な方法	196

問の略解 199

参考文献 205

索　引 207

◆装幀　戸田ツトム・今垣知沙子

第1章 データの記述と要約統計量

　統計学は，記述統計学と推測統計学に大きく分かれる．この章では，データをありのまま見る方法である記述統計について説明する．データ分析の目的は，データを見てそのデータが意味するものを理解することにある．しかし，データをそのまま眺めていても，理解できる内容は限られることになる．そこで，データを理解するために用いられる方法が，「記述統計学」の方法である．

§1.1　データの考え方

　本書で取り扱うデータ分析は，基礎的な数理と考え方を取り扱うため，データも複雑なものではなく，ある一定の形式になったものを取り扱う．このことは，複雑なデータを取り扱うことができないということを意味するのではなく，複雑な分析のための数理的な基礎として必要なものを理解するためには，形式がそろったもので理解することが必要であるということである．

　そのために，本書全体において，データとはある決まった形式のデータ点の集まりのこととする．例えば，ある小学校の6年生全体80名の身長計測の結果があったとすると，「決まった形式のデータ点」は，ひとりひとりの身長の値を表し，データはその集まり，つまり要素数が80の集合ということになる．

第 1 章　データの記述と要約統計量

§1.2　データの分類

　データを分類する基準として，次元と種類がある．次元とは，データ点一つあたりがもつ要素の個数のことである．例えば，ある小学校の 6 年生全体 80 名の身長計測の結果は，1 次元データであり，これが，一人について身長と体重のセットで計測された結果になった場合には，2 次元データとなる．

　一方，種類には量的データと質的データがある．量的データとは，数量で表されるデータのことである．例えば，身長計測のデータは量的データである．質的データとは，例えばアンケートにおける「はい」と「いいえ」といった，数量以外のデータのことである．カテゴリカルデータと呼ばれることもある通り，複数のカテゴリのうちのいずれかをとるデータのことである．

　量的データにおいては，さらに離散データと連続データがある．離散データは，飛びのある値をとるデータのことであり，例えば人間の 1 分間の呼吸回数のような整数値で表されるようなデータである．一方連続データとは，文字通り連続的な値をとるデータのことである．ただし，離散データであっても，離散点間の飛びが狭い場合には，連続データとして取り扱うことが多い．

§1.3　1 次元量的データの記述統計

　以下では，N 個の実数からなる 1 次元量的データ $D = \{d_1, \ldots, d_N\}$ を考える．

§1.3　1次元量的データの記述統計

1.3.1　度数分布表とヒストグラム

　量的データをありのまま捉えるには，ある値の範囲にどれだけの
データ点があるかということを考えるとよい．このような考え方で
作成されるものは，度数分布表と呼ばれる．表1.1は，あるテスト成
績（仮想例）の度数分布表の例である．度数分布表は，あらかじめ階
級と呼ばれる範囲を決め，その範囲にいくつのデータ点が含まれるか
を集計したものである．含まれるデータ点数のことを度数と呼ぶ．ま
た，全数に対する度数の割合を相対度数と呼び，さらに階級の低いと
ころから相対度数を累積していったものを，累積度数と呼ぶ．この度
数分布表をみることで，どの階級が一番度数が大きいか，また全体に
どのように分布しているかを見ることができる．

表 1.1　テスト成績（仮想例）の度数分布表

階級	度数	相対度数	累積相対度数
0–9	2	0.03	0.03
10–19	4	0.05	0.08
20–29	7	0.09	0.19
30–39	6	0.08	0.24
40–49	9	0.11	0.35
50–59	12	0.15	0.50
60–69	18	0.23	0.73
70–79	11	0.14	0.88
80–89	6	0.08	0.94
90–100	5	0.06	1.00
累計	80	1.00	1.00

　一方ヒストグラムは，各階級の度数をその面積によって表現した図

3

第1章　データの記述と要約統計量

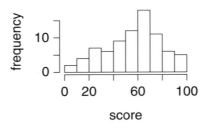

図 1.1　テスト成績（仮想例）のヒストグラム

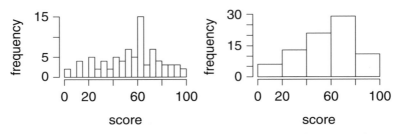

図 1.2　図 1.1 とは異なる階級幅を使用したときのテスト成績のヒストグラム

のことである．さきほどのテスト成績の例に対応するヒストグラムが図 1.1 である．図から，一見してデータ全体の概要，特にどの階級が多くて，ちらばりがどの程度であるかがわかるのが，ヒストグラムの良い点である．

図 1.2 は，階級幅の取り方を変えたヒストグラムである．このように，ヒストグラムは階級幅の取り方によって得られる情報が変わるので注意が必要である．

階級幅の決め方としてはいくつか提案されているものがあり，例えば Sturges の方法 [3] では，

$$C = \frac{R}{1 + 3.322 \log N} \tag{1.1}$$

によって決める．ただし，R は最大値から最小値を引いたレンジ，N

§1.3　1次元量的データの記述統計

はデータ数である．しかし，常に適切な階級幅が得られるとは限らないことから，実際には，いくつかの階級幅を試してみて，適切に概形がえられるような図を用いるのが良い．

1.3.2　代表値

　ヒストグラムなどの可視化の方法や度数分布表はデータをありのまま理解する上で良い手法であるが，データの間で比較をするには，使いづらい方法である．そこで，1次元量的データに対して，1つの値によって集合の特徴を表すことができれば，各データが持つ値を比較することで，データを比較することができる．このようなデータの特徴を1つの値で表したものが代表値である．代表値には，平均値，中央値（中位値），最頻値などがある．

　平均値 $\overline{d}$ は

$$\overline{d} = \frac{1}{N} \sum_{n=1}^{N} d_n \tag{1.2}$$

で与えられ，最も広くつかわれる代表値の指標である．平均値は，数直線上での重心になっている．

　中央値（中位値）は，次のように定義される．まず，D の要素について小さい値から順に並べなおし，$e_1, \dots, e_N$ とする．すると，D の中央値（中位値）d^{med} は，

$$d^{\mathrm{med}} = \begin{cases} e_{\frac{N+1}{2}} & (N \text{ が奇数の場合}) \\ \frac{1}{2}(e_{\frac{N}{2}} + e_{\frac{N}{2}+1}) & (N \text{ が偶数の場合}) \end{cases} \tag{1.3}$$

で与えられる．

　最頻値は，最も出てきた回数が多い値である．連続量や一部の離散量のデータでは，ほとんど重なりが無かったり，あっても少ないことがよくある．この場合は，度数分布表を作成し，その階級によって最

5

第 1 章　データの記述と要約統計量

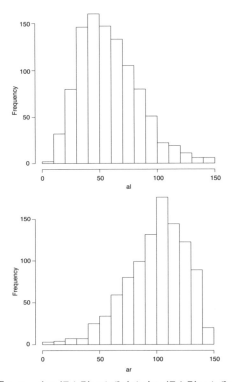

図 1.3　右に裾を引いた分布と左に裾を引いた分布

も頻度が高い階級や，階級を代表した階級値（階級における中央の値などを用いる）によって代用することになる．より高度な方法としては，連続な関数で近似し，その最大の点を与えるという方法もある．

　ヒストグラムの形状により，代表値の大小関係が存在する．図1.3は，右に裾を引いた頻度分布と左に裾を引いた頻度分布となったデータのヒストグラムである．このヒストグラムの元になったデータの代表値を見ると，右に裾を引いた分布は，

$$\text{最頻値：} 48.3, \quad \text{中央値：} 55.4, \quad \text{平均：} 58.5 \qquad (1.4)$$

§1.3　１次元量的データの記述統計

となっている（ただし，最頻値は平滑化した分布から導出している）．一方，左に裾を引いた分布の場合には，

$$最頻値：107, \qquad 中央値：103, \qquad 平均：99.4 \qquad (1.5)$$

となっている．

1.3.3　ちらばりの指標

　例えば，同じ平均点が60点のテストであっても，多くの人が60点近傍にいるテストの結果と，20点から100点までの間で広く散らばっているテストの結果では，１点の差の意味が違うことから，区別をできるようにしたい．これを表すのに用いられるのが，ちらばりの指標である，データのちらばりを数量化したものである．

　ちらばりの指標には，分散，標準偏差，四分位偏差，レンジなどがある．分散は２種類あり，その詳細は９章において説明をするが，通常，分散 σ^2 は

$$\sigma^2 = \frac{1}{N-1} \sum_{n=1}^{N} (d_n - \overline{d})^2 \qquad (1.6)$$

で与えられる．この分散を，特に不偏分散と呼ぶことがある．一方，もう一つの分散 S^2 は

$$S^2 = \frac{1}{N} \sum_{n=1}^{N} (d_n - \overline{d})^2 \qquad (1.7)$$

で与えられる．これらの違いは，データが標本として対象とするものの一部が得られた場合や，繰り返し実験で得られるようなデータの場合には σ^2 を，「全ての標本データ」を尽くしている場合には S^2 を用いる．

　標準偏差 σ は，$\sqrt{\sigma^2}$ によって得られる．これは，単位をデータと同じ次元に揃えた量になっている．例えば，データがある部品の長さ

7

であった時に，分散は長さの2乗の単位を持つことになるので，もとのデータとの比較でそのまま用いることができない．そこで，平方根をとることによって，もとの長さの単位としたものである．標準偏差は分散よりも取扱いやすい他，データが4章で説明する正規分布に従う場合には，$\bar{x} \pm \sigma$ の範囲に全体の約68%，$\bar{x} \pm 2\sigma$ の範囲に約95%，$\bar{x} \pm 3\sigma$ の範囲に約99.7% のデータが入ることから，おおまかなデータのばらつきの見積りに使うことができる．

四分位範囲 IQR は，小さい方から $\frac{1}{4}$，$\frac{3}{4}$ の点（四分位点）である Q_1，Q_3 を用いて，

$$IQR = Q_3 - Q_1 \tag{1.8}$$

で，四分位偏差 QD は，

$$QD = \frac{1}{2}(Q_3 - Q_1) \tag{1.9}$$

で与えられる．また，レンジは最大値から最小値を引いたもので，データの取る最大幅を表す．これらもまた散らばりの指標である．

§1.4　箱ひげ図

箱ひげ図とは，データを可視化する方法の一種であり，第1四分位数 Q_1，中央値 Q_2，第3四分位数 Q_3 ならびに四分位範囲 IQR を使用して描かれる図である．図1.4に，次項に示すアヤメデータの中のがく片幅について，箱ひげ図で表したものを示す．図1.4の箱ひげ図において，箱の下限が Q_1，箱の上限が Q_3，中央の太線が Q_2 を表している．また，上側に伸びている棒（ひげ）は，$Q_3 + 1.5IQR$ 以下の最も大きいデータ点まで伸びている．同様に，下側に伸びている棒は，$Q_1 - 1.5IQR$ 以上の最小のデータ点まで伸びている．さらにそれよ

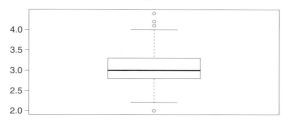

図 1.4 アヤメデータのがく片幅 (Sepal.Width) の箱ひげ図

り外の値は，丸印によって表現されていて，これらは外れ値であるとみなされる．これらから，どちらに裾を引いているかといった分布の形状や，外れ値の有無と範囲などがわかる．

§1.5　1 次元質的データの記述統計と可視化

N 個の 1 次元質的データ $D = \{d_1, \ldots, d_N\}$ を考える．ただし，このときの質的データのカテゴリが K 種あるとし，その集合を $C = \{c_1, \ldots, c_K\}$ とする．すなわち，$d_i \in C$ である．このようなデータの場合には，もはや量的データのときのような計算や可視化を行うことはできない．

質的データの記述統計量としてよく用いられるのが度数と相対度数（割合）である．これは，量的データの場合と同様，あるカテゴリに入っているデータの数を度数とし，これを全体の度数 N で割ったものが相対度数である．すなわち，カテゴリ j の度数 f_j は，

$$f_j = \sum_{n=1}^{N} I_{\{c_j\}}(d_n) \tag{1.10}$$

である．ただし，$I_A(x)$ は

$$I_A(x) = \begin{cases} 1 & x \in A \\ 0 & x \notin A \end{cases} \tag{1.11}$$

であり，相対度数は，これを N で割ったものである．

可視化は，棒グラフを用いるのが一般的である．棒グラフは，ヒストグラムと異なり棒を離して描く．図1.5は，ある大学の講義の5段階評価の成績を棒グラフにより可視化した例である．

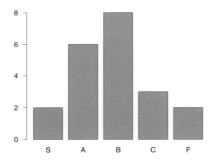

図 1.5 棒グラフによる質的変数の可視化例

§1.6 2次元・多次元量的データの可視化と記述統計量

ここまでで，1次元データの可視化と記述（要約）統計量について説明した．ここでは2次元以上のデータの可視化と記述統計量について説明する．

1.6.1 2次元・多次元量的データと1次元データ解析手法の援用

2次元のデータとは，1回の観察・計測・調査において，同時に取られる情報が2つあるようなデータを表す．たとえば，あるクラスの生

§1.6 2次元・多次元量的データの可視化と記述統計量

表 1.2 フィッシャーのアヤメデータ（抜粋）

番号	がく片長さ	がく片幅	花弁長さ	花弁幅	品種
1	5.1	3.5	1.4	0.2	setosa
2	4.9	3.0	1.4	0.2	setosa
3	4.7	3.2	1.3	0.2	setosa
4	4.6	3.1	1.5	0.2	setosa
5	5.0	3.6	1.4	0.2	setosa
6	5.4	3.9	1.7	0.4	setosa
⋮					
49	5.3	3.7	1.5	0.2	setosa
50	5.0	3.3	1.4	0.2	setosa
51	7.0	3.2	4.7	1.4	versicolor
52	6.4	3.2	4.5	1.5	versicolor
⋮					
99	5.1	2.5	3.0	1.1	versicolor
100	5.7	2.8	4.1	1.3	versicolor
101	6.3	3.3	6.0	2.5	virginica
102	5.8	2.7	5.1	1.9	virginica
⋮					
150	5.9	3.0	5.1	1.8	virginica

徒の身長と体重は，各生徒ごとに2つの情報が得られる．また，たとえばある期間の平均気温と平均湿度が月毎に得られていたとすると，ある月（例えば1月）の各年の気温と湿度のセットのデータは，2次元データとなる．また，表1.2に示すようなフィッシャーのアヤメデータ [4] では，5次元（量的が4次元，質的が1次元）のデータとなる．

11

第1章　データの記述と要約統計量

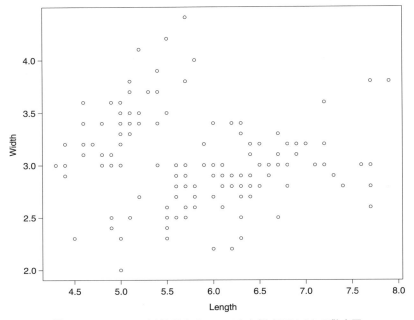

図 1.6　アヤメのがく片長さ (Length) と幅 (Width) の散布図

　以上のデータに対して，1次元データの解析手法はすべて有効である．すなわち，アヤメデータであれば，たとえば「がく片長さ」の項目だけを取り出せば1次元データであり，代表値や散らばりの指標を用いることができる．

1.6.2　2次元データの可視化

　2次元データの可視化には，散布図が広く用いられる．散布図とは，2次元の座標平面上に各データの点をプロットしたもので，図 1.6 のような図である．図 1.6 は，アヤメデータのがく片長さとがく片幅についてプロットした散布図である．これにより，2つの変量の間の関

§1.6 2次元・多次元量的データの可視化と記述統計量

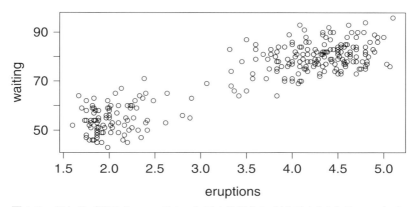

図 1.7 間欠泉（米国イエローストーン国立公園内の Old Faithful Geyser）の噴出・休止分数[1]のプロット

係が視覚的にわかることになる．ここで，おおまかに「片方の次元の値（例えばクラスの身長）が増加すると，もう片方の次元の値（クラスの体重）も増加する」といった関係がある場合，そのようなデータのことを「正の相関がある」という．また，「片方の次元の値が増加すると，もう片方の次元の値は減少する」という関係のあるデータのことは，「負の相関がある」という．

散布図は，このような相関関係のほか，データのクラスタ構造（グループごとに集まっている構造）の確認にも使える（図 1.7）．このような構造が確認できたら，その特徴について考察したり，第 13 章で解説するクラスタ構造を分析する手法にかけたりすることになる．

1.6.3 2次元量的データの記述統計量

2次元データの場合でも，1次元データの記述統計量が有効であることは述べた．ここでは，2次元データに特有の記述統計量について

---

[1] 統計ソフト R の faihful データで得られる．

13

第1章　データの記述と要約統計量

説明する.

　まず，共分散について説明する．共分散は，2次元データの場合には，2つの次元の間で定義される量である．今，N 個の2次元データ $(x_1, y_1), \dots, (x_N, y_N)$ があるときに，共分散 $\mathrm{Cov}(x, y)$ は，

$$\mathrm{Cov}(x, y) = \frac{1}{N-1} \sum_{i=1}^{N} (x_i - \overline{x})(y_i - \overline{y}) \tag{1.12}$$

で与えられる．ただし，分散の場合と同様で $1/(N-1)$ の部分は，全データの場合には $1/N$ となる．

　共分散は，正の相関を持つデータの場合には正の値を，負の相関を持つ場合には負の値をとるため，相関関係を見る指標として使うことができる．しかし，相関関係を見る指標として使えるものの，相関の強さについては数量化できない．これは，相関が強いほど値は大きくなる一方で，個々のデータの分散が大きくなると同じく共分散の値も大きくなってしまうためである．

　そこで，分散の値の分を調整して，相関の強さそのものを定量化する量が，相関係数である．相関係数 r とは，データに見られる相関の強さを $-1 \leq r \leq 1$ の範囲の値で表したもので，次の式で与えられる：

$$r = \frac{\sum_{i=1}^{N} (x_i - \overline{x})(y_i - \overline{y})}{\sqrt{\left(\sum_{i=1}^{N} (x_i - \overline{x})^2\right)\left(\sum_{i=1}^{N} (y_i - \overline{y})^2\right)}}. \tag{1.13}$$

データ数 N などによっても値の大きさの意味は異なるので，必ずしも「いくつ以上であれば相関がある」と言い切れるものではないが，一般的に，絶対値で 0.6 から 0.8 程度以上の大きさで，明確な相関があると言われる．図1.8の散布図は，さまざまな相関係数の値をとるようなデータをコンピュータにより生成したものである．絶対値が大きくなるほど直線状に近く分布していることがわかる．また，負の相関を持つ場合には負の相関係数となっていることもわかる．

§1.6 2次元・多次元量的データの可視化と記述統計量

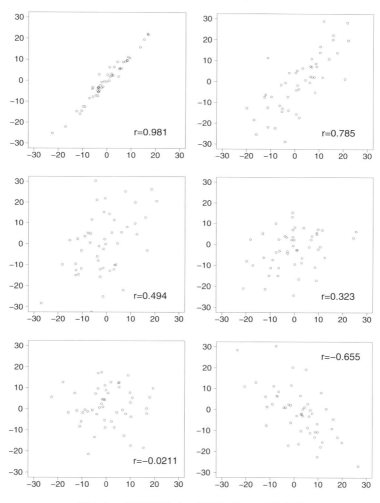

図 1.8 相関の異なる 6 種類のデータの散布図

なお，(1.13) で与えられる相関係数は，実データにおける相関の強さを「今ここにある」データから推定したものである．そのため，相関の強さに関する信頼度については何も言及していない点に注意す

る必要がある．すなわち，どんなに相関係数の値が大きかったとして
も，そのためのデータ点の数が少ない場合には，データが増えた場合
に容易に相関係数の値が変化してしまうため，相関係数の値に関して
信頼がおけるものではないということである．例えば，データ点数が
5点しかない場合を想定してみれば，このことは容易にわかる．一方，
データ点数が多い場合には，相関係数の値が小さくても信頼がおける
場合がある．しかし，その相関係数の値に本質的な意味があるかどう
かは別の問題である．例えば，0.2程度の低い相関でも「正の相関が
ある」ということはできるが，実用的な値であるとは言えない場合が
多い．

§1.7　多次元データの可視化

　多次元データの場合について，記述統計に当たる内容は，基本的に
任意の1次元または2次元に注目して分析する内容となるため割愛す
る．ここでは，アヤメデータの中の数量データの部分のような，観測
などで同時に取られる複数の量的変量に関するデータについての，ご
く簡単な可視化について扱う．主成分分析などを用いたより進んだ内
容は，13章の多変量解析の部分に記載するので，あわせて確認され
たい．

　まず多次元データ，特に4次元以上のデータの場合，散布図のよう
に直接図化するのは不可能である．そのため，1次元または2次元へ
の射影を行うことになる．図1.9は，アヤメデータのうち量的データ
の部分の4次元分について，そのうちの任意の2次元分について射影
をとって，散布図としたものである．最も単純な射影は，このように
そのまま他の次元を無視してプロットすることで実現できる．

§1.7 多次元データの可視化

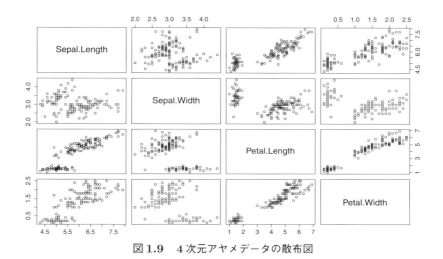

図 1.9　4 次元アヤメデータの散布図

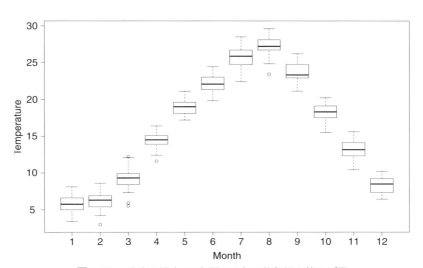

図 1.10　東京の過去 50 年間の月毎平均気温の箱ひげ図

第 1 章 データの記述と要約統計量

　また，別の射影のパターンとして，各次元にまとめてデータを表示するという方法がある．図 1.10 は，東京の過去 50 年間 (1966 年から 2015 年) の月毎平均気温データについて，月毎に箱ひげ図としたものである．このように，次元間でスケールがそれほど変わらず，同じ単位を持つような，比較可能な多次元データについては，それらの間で 1 次元の可視化の方法を用いて比較することが可能である．

§1.8　2 次元・多次元質的データの集計と可視化

　2 次元以上の質的データの記述においては，分割表（またはクロス表）と呼ばれる表が用いられる．2 次元のデータの分割表は，例えば表 1.3 のような形式の表である．この例は，ある「はい」または「いいえ」で答える質問に対して，大学生と社会人のそれぞれで，その度数を表したものであり，例えば「大学生」で「はい」と答えた人数が 60 人いたということを表している．分割表の左側（表 1.3 では「大学生」および「社会人」の部分）を表側，上側（表 1.3 では「はい」および「いいえ」の部分）を表頭と呼ぶ．この例のように，質問への回答が属性で説明されることが想定されるような場合には，通常，説明の原因[2)]にあたる部分を表側に，説明される結果にあたる部分を表頭

表 1.3　分割表の例

	はい	いいえ	合計
大学生	60	25	85
社会人	121	30	151
合計	181	55	236

[2)] ただしここでの「原因」は，必ずしも直接的な原因である必要はなく，「結果を説

§1.8 2次元・多次元質的データの集計と可視化

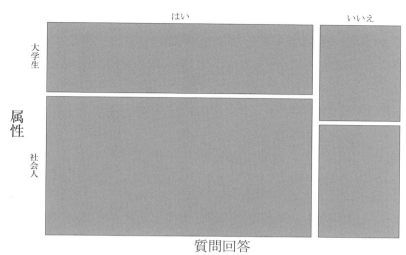

図 **1.11** モザイクプロットの例

に割り当てる．このような分割表は，各次元のカテゴリ数が多くない場合に特に有効な手法である．

　分割表のカテゴリ数について，表側が m カテゴリ，表頭が n カテゴリのとき，$m \times n$ 分割表と呼ぶ．表 1.3 の場合には 2×2 分割表である．さらに，3次元以上の質的データについても，分割表により表現可能である．

　一方，質的データの可視化の方法としては，モザイクプロットが挙げられる．表 1.3 の場合のモザイクプロットを図 1.11 に示した．モザイクプロットでは，各四角形の面積が各カテゴリの度数に比例している．図 1.11 の場合には，さらに質問に対する「はい」と「いいえ」の割合が，四角形の幅に比例するようにプロットされている．このモザ

　明するための要素として自然なもの」くらいでよい．例えば，この例でも，大学生であることが直接的に回答に影響を与えているわけではない．

第1章　データの記述と要約統計量

イクプロットを見ることで，質問に対する各回答（「はい」と「いい
え」）を構成する属性の比率の違いを確認することができる．よって，
回答間で属性に違いが無い場合には，同じ高さの四角形が並ぶことに
なり，その場合には，質問への回答と属性との間に関係が無いことが
示唆されることになる．

§1.9　時系列データの可視化と統計量

　時系列データとは，時間と値がペアになったデータのことで，ある
地点の1時間毎の気温，日々の株式市場終了時のある会社の株価，月
毎の失業率，年毎の貿易収支など，様々なものがある．社会や自然の
変動を表現するデータであることから，時系列データの分析は統計的
分析の中でも重要な一角を占めている．以下では，このような時系列
データの可視化と記述統計量について説明する．

　時系列データの可視化には，折れ線による表示が広く使われてい
る．図1.12は，月毎の太陽黒点数のデータである．太陽黒点数は，お
よそ10年から11年の周期である範囲について上下動を繰り返してい
ることがわかる．また，黒点数が増加する時の変動は急であるのに対
し，減少する際には徐々に減少するという非対称性があることもわか
る．一方，図1.13は，1985年1月から1997年1月までの各月末の日
経平均株価の時系列プロットである．この図からは，黒点データの場
合とは異なり，明らかな周期変動は見て取れない．このように，折れ
線プロットを取ることで，時系列の変動を確認することができる．

　このような時系列データの特徴を捉える統計量として，平均・自己
共分散・自己相関といった量がある．今，時点数Tの時系列データの
時点$t(=1,\ldots,T)$について，$y_1,\ldots,y_T$と書くことにする．このと

20

§1.9 時系列データの可視化と統計量

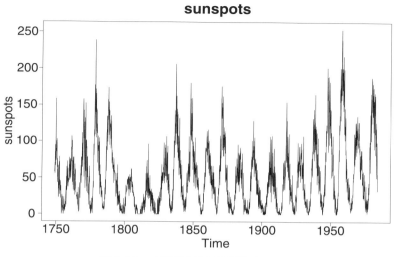

図 1.12　太陽黒点数の時系列プロット

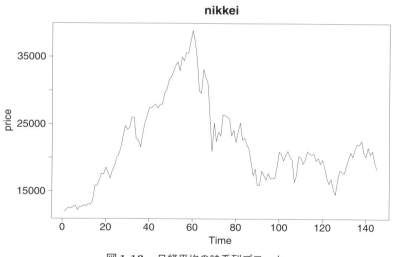

図 1.13　日経平均の時系列プロット

き，平均 μ は

$$\mu = \frac{1}{T} \sum_{t=1}^{T} y_t \tag{1.14}$$

と定義される．平均は時系列データ全体を通じた平均であり，太陽黒点数のデータのような時系列をある程度長い期間にわたって見る場合には，自然な量である．一方で，日経平均データのように変動が必ずしも一定でないものについては，あまり意味がない場合がある．日経平均データの場合の平均は，21893.69 であるが，前半の時系列データを取り出して平均を計算すると 23863.35，後半の平均は 19951.02 となっているため，意味が変わってしまうためである．このような時系列データの場合には，平均を見るとしても適切な区間を決めて計算する必要がある．

今，平均は太陽黒点データのようにおおよそ一定であるとする．このとき，自己共分散 $V(k)$ と自己相関 $R(k)$ は

$$V(k) = \frac{1}{T} \sum_{t=k+1}^{T} (y_t - \mu)(y_{t-k} - \mu), \tag{1.15}$$

$$R(k) = \frac{V(k)}{V(0)} \tag{1.16}$$

として与えられる．自己相関 $R(k)$ は，時点が k だけずれた時に，どれほどの相関係数をもっているかを表した量である．例えば $R(1)$ が負の値の場合には，1 時点ずれると平均に対して高い値を取った次の時点では低い値を取り，低い値を取った次の時点では高い値を取るという傾向があるということを示している．

ただし，このような性質が言えるには，定常性が必要である．定常性とは，平均が一定で自己共分散が時点によらず時間差にのみ依存することを指す．式 (1.15) は，定常性を前提とした定義である点を注記しておく．

§1.10 空間データの可視化と統計量

空間データとは，例えばある年度の都道府県別の人口密度，ある時点での地上気温の分布，1か月間の交通事故発生地点の分布といった，空間における広がりを持ったデータである．空間データは，代表的なものとして都道府県別・市町村別のような地域区分データ，連続的な空間に値があるような空間データ，空間上で何かが起こったり観測されるような点過程データが挙げられる．

空間データの可視化については，いずれのデータであっても2次元の図上に表現することになる．地域区分データの場合には，地域別に色分けやグレーの濃さ等で表現される．連続的に値があるような空間データの場合には，等高線図や格子状に区切った領域ごとに色分けで表現するヒートマップが用いられる．点過程データの場合には，地図上に点を打つことによって表現される．図1.14に各々の例を示す．

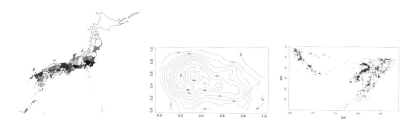

図 1.14 左から，都道府県別人口密度を地域別にグレーの濃さで表現したコロプレス図（「地球地図日本」（国土地理院）の地形データならびに「平成27年国勢調査」の人口密度データを基に編集して作成），オークランドのマウント・イーデン山の等高線図（R の Volcano データより作成），フィジーの地震発生データ（R の quakes データより作成）．それぞれ地域区分データ，連続空間データ，点過程データのプロット例である．

空間データは，多次元のデータとみなすことが出来る．よって，これまでに説明した多次元データの統計量を用いることが可能である

第1章　データの記述と要約統計量

が，注意が必要な場合がある．例えば，東京の23区それぞれの人口密度は量的データであり，その平均を求めることは可能であるが，それは23区全体の人口密度とはならない．これは，人口密度算出の基礎となる面積と人口が各々区ごとに異なるからである．目的にもよるが，多くの場合には23区で通算した人口密度を求めたい場合の方が多いと思われるので，単純に平均を計算すると誤ってしまうことになる．この場合には，面積で重みづけした重み付き平均を用いればよい．すなわち，23区の人口密度を C とし，各々の人口密度を c_i，また面積を s_i とすると，

$$C = \sum_i \frac{s_i}{\sum_j s_j} \cdot c_i \tag{1.17}$$

で与えられる．

第2章　統計的推測と確率

　　この章では，統計的推測とはどのようなものか，またそのためには確率とい
う数学的な枠組みが必要であるが，それはなぜなのかを説明するとともに，確
率の数理的な定義を与える．

§2.1　統計的推測と確率の必要性

　今，仮におよそ1億人[1]いる日本全国の有権者による，内閣の支持
率を知りたいとしよう．最も正確なのは，全員に質問をすることであ
るが，これは現実的ではない．そこで，新聞社による世論調査では，
有権者の一部に質問をして，全体について「推測する」ということが
行われる．図2.1は，この仕組みを模式的に表したものであり，「元の
集団」が有権者全体に，「取り出したものの集団」が質問された有権
者ということになる．興味がある対象である元の集団から，その一部
をランダムに取り出すことで，取り出したものの集団は，元の集団と
「同じような」特徴を持っていると考えられる．すなわち，図2.1にお
いて，元の集団に○が多ければ，ランダムに取り出した集団において
も○が多くなり，その割合はほぼ元の集団の割合と同程度になってい
ると考えられる．逆に元の集団に×が多ければ，ランダムに取り出し
た集団についても×が多くなると考えられる．このような事実を基礎
として一部から全体を推測するのが「統計的推測」である．より一般

---

[1] 平成26年衆議院選挙時の有権者数（小選挙区）は103,962,784人（総務省資料[1]
より）

第2章 統計的推測と確率

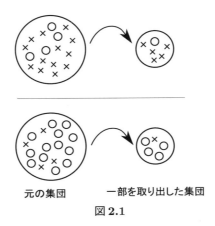

元の集団　　　一部を取り出した集団
図 2.1

的には，ある「不確かさを持つ対象」から生まれた「データ」をもとに，その「不確かさを持つ対象」について推測をするのが「統計的推測」である．

ここで重要なのは，ランダムに取り出した結果，取り出したものの集団の支持率は，元の集団と「ほとんど同じ」といった特徴を持っているということである．この「ほとんど同じ」ということがどの程度正しいかを議論するには，不確かさを数量として取り扱う数学的枠組みが必要なのである．そして，この「不確かさを持つ対象」を数量化するのが確率である．

§2.2 確率の準備

本節では，本格的な確率の定義に入る前に，ボトムアップ的な考え方としての確率の説明，ならびにその歴史についての説明を試みる．数理的な枠組みに興味がある読者には余分な内容に思われるかもしれないが，統計的推測の本質とも関わる内容であるので，是非確認して

§2.2 確率の準備

ほしい.

2.2.1 高校数学における定義

高校の数学においては，以下のような定義で確率が与えられていた.

定義 2-1

「同様に確からしい根源事象の集合」の要素数 N を特定し，興味ある事象の集合 A の要素数 n_A とする．このとき，興味ある事象の集合 A のいずれかが起こる確率 P_A は，$P_A = \frac{n_A}{N}$ で与えられる．

この「同様に確からしい根源事象の集合」というものの例として，「歪みのないコインの表が出るという事象（$\{H\}$ と書くことにする）と裏が出るという事象（同じく $\{T\}$ と書く）の集合」や，「偏りのないサイコロの特定の目が出るという事象（目に応じて $\{1\}$ から $\{6\}$ までを書く）」などが挙げられる.

この定義は，ラプラスによって与えられた定義 [2] であるが，いくつかの問題点がある．まず，「同様に確からしい」ということを定義しないといけないが，明確な定義が与えられていない．さらに，例えば「1 の目だけが出やすいサイコロ[2)]」の場合には，「同様に確からしい根源事象」というものが無く，確率を定義することが出来ない．

2.2.2 頻度による定義

前項の定義を改善したものが，次のようなものである.

[2)] 実際にそのようなサイコロがエンタテイメント用に販売されている.

第 2 章　統計的推測と確率

> **定義 2-2**
>
> 　繰り返し試行を行うとし，その試行回数を N，その中で対象と
> する事象集合中の事象が起こった回数を n_A とする．このとき，
> 興味ある事象の集合 A の確率 P_A は，$P_A = \lim_{N \to \infty} \frac{n_A}{N}$ で与えら
> れる．

　この定義によれば，前項で問題となったような偏りがある場合の問
題はクリアできたことになる．しかし，極限すなわち無限回の試行と
いうものが出てくるため，実現可能性に問題がある．さらに，そもそ
も試行が可能な事象である必要があり，試行が不可能な現象に適用す
ることができないという問題がある．

2.2.3　コルモゴロフによる確率の定義

　前節までの問題点を解決するために，コルモゴロフは，「ある公理
系に従っているものは全て確率である」という立場をとることにした
のである．これが，公理的確率論と呼ばれるもので，いわば「確率と
は何か」という問題を棚上げし，数学的に破綻のない構成を行うこと
で，数学の問題として取り扱える部分を分離しようとしたのである．
これにより，偏りのあるサイコロや試行の実現可能性の問題などから
解放されるだけでなく，「当たる確率は 30% であると考える」という
ような主観的確率も，確率としての定義に従っていれば，数学の枠組
みの中で取り扱うことが可能となった[3]．

　もちろん，どのような方法にも利点と欠点があるように，コルモゴ
ロフによる確率の定義にも欠点がある．その中でも最も重要であると

---

[3] 主観的確率に関しては 8 章を参照のこと．

28

著者が考える[4]のは,「確率とは何か」という（ある意味哲学的な）問題に対する答えを放棄したことにより，興味ある現象に対してどのような確率が適切であろうかということを想定する，現実の現象と数学をつなぐ「モデル化」の部分が完全に消えてしまった点である．もちろん，この部分は各人に任された部分であり，その自由度が応用も含めた統計学・確率論の発展を促したのではあるのだが，ともするとこのことが理由で，初学者にとっては「イメージし辛い」分野になってしまっているともいえる．

　本書でも，この公理的確率論の枠組みに従って確率の説明をするが，実際の問題，特に統計学の応用においては，公理的確率論によって分離された「モデル化」の部分が大変重要であることは常に意識してほしい．

§2.3　事象と集合

2.3.1　事象

　以下では，確率を定義するのに必要な，確率的な現象における事象について，具体例から入って定義を与える．

　確率的に発生する現象を考える．例えば，サイコロの目が出るという現象を考えた時に，1の目が出るか，2の目が出るか，...，6の目が出るかのいずれかである．このような起こり得る全ての結果のことを，標本空間あるいは全事象と呼ぶ．標本空間は集合で表現され，まとめて1文字で表記する場合には，通常 Ω[5] を用いる．

---

[4] 他に加法的でない不確かさの取り扱いが直接的にできないという問題もあるが，本書のスコープ外なので，脚注での指摘のみとしておく．

[5] ギリシャ文字の大文字のオメガ．

第 2 章　統計的推測と確率

　これに対して，事象とは，起こり得る結果のことを言う．これは，単に「1 の目が出る」といった起こり得る一つの結果だけでなく，「偶数の目が出る」「4 以上の目が出る」といった，起こり得る結果を複数まとめたものも事象である．また，「何も起こらない」も事象であり，特に空事象と呼ぶ．数学的には，事象とは標本空間の部分集合であり，空事象は空集合であることから，$\emptyset$ で表現する．

　その一方で，1 個のサイコロを 1 回振った時に，「1 の目が出ていて，なおかつ 2 の目が出ている」ということはあり得ない，すなわち実際に起こる現象は一つである．このような実際に起こる現象に対応するものを標本点と呼ぶ．標本点は，数学的には標本空間の要素であり，通常 ω[6] を用いる．

　以上のことを定義として整理してまとめると，次のようになる．

定義 2-3

　起こり得る全ての結果を表した集合 Ω を標本空間，あるいは全事象と呼ぶ．標本空間 Ω の要素 ω を標本点と呼ぶ．また，標本空間 Ω の部分集合を事象と呼ぶ．

例　コイン投げをして，表が出るか裏が出るかの現象を考える．このとき，表が出た場合を H，裏が出た場合を T と表すこととすると，これらはそれぞれ標本点であり，標本空間（全事象）は $\Omega = \{H, T\}$ である．また，事象として起こり得るのは，$\{H\}$（表が出る事象），$\{T\}$（裏が出る事象），$\emptyset$（空事象），$\{H, T\}(= \Omega)$（表または裏が出る事象）の $4(= 2^2)$ つのうちのいずれかである．なお，表が出る事象ならびに裏が出る事象に中括弧がついているのは，事象が単一の要素を

---

[6] ギリシャ文字の小文字のオメガ．

§2.3 事象と集合

持つ集合であるからである.

例 サイコロを1回投げる場合を考える. 投げた時に i の目が出る現象を E_i と書くとすると, 全事象 Ω は $\{E_1, E_2, E_3, E_4, E_5, E_6\}$ である. また, 「1の目が出る」という事象は $\{E_1\}$, 「偶数の目が出る」という事象は $\{E_2, E_4, E_6\}$, 「4以上の目が出る」という事象は $\{E_4, E_5, E_6\}$ となる. これらはいずれも Ω の部分集合である. サイコロを1回投げた場合に考えられる事象は, 全部で $2^6 = 64$ 個あることになる.

ここまでの例からわかる通り, 標本空間の要素数を K としたとき, 考えられる事象の数は 2^K である. これは, 部分集合全体からなる冪集合とよばれる集合になっているためである. 標本空間 Ω の冪集合は, 2^Ω と表記する. より一般的な状況では, 必ずしも冪集合が起こり得る事象ではなく, 冪集合の部分集合が起こり得る事象であり, このような集合が事象として矛盾を生じないようにするには σ-加法族を考える必要があるが, 本書が対象とする範囲では, そこまでは必要としないため割愛する.

なお上記では, 標本空間の要素数が有限の場合を例として挙げたが, 実際には可算無限・不可算無限の集合でも良い. 例えば, ある物体の長さを計測した時に誤差を含んでいるとして, これが連続的などのような値でも取り得るとすると, 標本空間は不可算無限を考えることになる. また, 次章以降で説明する1日の交通死亡事故件数のような整数値を取るような確率現象の場合には, 可算無限を考えることに対応している.

第2章 統計的推測と確率

2.3.2 事象と集合演算

ここまでの説明からわかる通り，事象は集合によって定義されるのであった．よって，さまざまな集合演算も適用可能である．

今，同一の標本空間 Ω 上の事象 A, B について，

- $A \cup B$，すなわち A または B の集合で定義される事象を A と B の和事象
- $A \cap B$，すなわち A かつ B の集合で定義される事象を A と B の積事象
- $\overline{A}$，すなわち A の補集合で定義される事象を A の余事象

と呼ぶ．また，$A \cap B = \emptyset$ の時，すなわち，事象間で共通部分を持たない場合に，A と B は互いに排反であるという．互いに排反であるとは，当該事象が同時に起こらないということを意味している．

さらに，事象 A, B, C に対して，分配法則

$$A \cup (B \cap C) = (A \cup B) \cap (A \cup C) \tag{2.1}$$

$$A \cap (B \cup C) = (A \cap B) \cup (A \cap C) \tag{2.2}$$

ならびにド・モルガンの法則

$$\overline{A \cup B} = \overline{A} \cap \overline{B} \tag{2.3}$$

$$\overline{A \cap B} = \overline{A} \cup \overline{B} \tag{2.4}$$

も成り立つ．

§2.4 確率

2.4.1 確率の公理

確率とは，各事象の起こりやすさを 0 以上 1 以下の実数で表現した
ものであるとともに，コルモゴロフの確率の定義の項で触れた通り，
ある公理に従うものである．よって数学的には，事象に対して 0 以上
1 以下の実数を値域とする関数である．また，確率が従うべき内容は，
「必ず起こる事象の確率は 1」，「確率は必ず 0 以上 1 以下である」，「同
時に起こることがない事象のいずれかが起こる確率は，各事象の確率
の和である」というものである．これらをまとめると，公理は次のよ
うになる．

定義 2-4　（確率の公理）

標本空間 Ω に対して定義される確率 P とは，次の条件を満た
す関数 P のことをいう：

1.　$P(\Omega) = 1$.
2.　任意の事象 $E \subset \Omega$ に対して，$0 \le P(E) \le 1$.
3.　事象 $F_1, F_2, \ldots, F_n$ に対して，全ての $i \ne j$ の (i,j) の組に
　　ついて，$F_i \cap F_j = \emptyset$ であったならば，$P(\cup_{1 \le k \le n} F_k) = \sum_{1 \le k \le n} P(F_k)$.

例　コイン投げの事象集合，$2^{\Omega} = \{\emptyset, \{H\}, \{T\}, \{H, T\}\}$ を考える．
$P(\{H\}) = P(\{T\}) = \frac{1}{2}$, $P(\Omega) = 1$, $P(\emptyset) = 0$ とすると，「偏りのな
いコイン」となる．

　一方で，「偏りのあるコイン」も含めてより一般的なコインを考え

ることも，以下のようにすることでできる．今，$0 \leq p \leq 1$ なる実数 p に対して，$P(\{H\}) = p$, $P(\{T\}) = 1 - p$, $P(\Omega) = 1$, $P(\emptyset) = 0$ という P を考える．すると，このように定めた P も確率の公理を満たしているので，確率である．

　ここで大切なことは，数学的な定義をこのように与えることで，現象が「どのようなコインであるか」ということと分離して，単に上記の条件を満たすもの全てを確率として扱い，数学的にその性質を考えることができるようになったことである．すなわち，確率が実際の現象においてどのような意味を持つか？ という難しい問題とは分けて，さまざまな「数学的性質」を導くことができるようになり，多くの有益な結果が得られるようになった．その一方で，実際の統計解析においては，得られた性質を用いつつも，データの背後にはどのような確率分布があるのかを考えること[7] が重要ともなった．本書の読者には，是非この違いについて理解したうえで読み進めてもらいたい．

例　サイコロの例の $\Omega = \{E_1, E_2, E_3, E_4, E_5, E_6\}$ に対して，どの目も均等に出る場合に対応する確率は，$P(E_1) = P(E_2) = \ldots P(E_6) = \frac{1}{6}$ である．

　また，これとは別に，偶奇の事象集合のみを考えたときに，$P(\{E_1, E_3, E_5\}) = \frac{1}{2}$, $P(\{E_2, E_4, E_6\}) = \frac{1}{2}$ も確率の公理を満たしている．この場合には，サイコロの目でいう個別のどの目が出るかということに関する確率は定義されていないことに注意する．すなわち，標本空間の冪集合上の全ての場合で定義されてない場合でも，必要な部分のみ定義して取り扱うことが出来るということを意味している．

---

[7] 「統計的モデリング」と呼ぶ．

§2.4 確率

以上が確率の定義である．なお，標本空間が非可算無限集合である場合も，同様にして確率を定義できるが，厳密な議論を行うには測度論が必要になる．そのため，本書のスコープ外になってしまうが，その一方で，後述する連続的な事象を取り扱う場合などには，非可算無限の場合も取り扱える必要がある．そこで，本書では，基本的には非可算無限の場合でも，公理の通り定義できることを前提として議論を進めることとする．このような点に興味のある読者は，例えば伊藤 [5] を確認するとよい．

2.4.2 確率の計算

確率の定義から，和事象や余事象の確率に関する以下のことを示すことができる．

定理 2-1

標本空間 Ω 上の事象 A, B について，その和事象の確率 $P(A \cup B)$ は

$$P(A \cup B) = P(A) + P(B) - P(A \cap B) \tag{2.5}$$

である．また，事象 A, B, C の和事象の確率は，

$$\begin{aligned} P(A \cup B \cup C) = {}& P(A) + P(B) + P(C) \\ & - P(A \cap B) - P(B \cap C) - P(A \cap C) \\ & + P(A \cap B \cap C) \end{aligned} \tag{2.6}$$

である．

第2章　統計的推測と確率

定理 2-2

　事象 E の余事象 $\overline{E}$ の確率 $P(\overline{E})$ は,

$$P(\overline{E}) = 1 - P(E) \tag{2.7}$$

であり, これから空事象の確率 $P(\emptyset)$ は 0 である.

　証明は以下の通り容易に示すことができる. 定理2-1 については,

$$A \cup B = (A \cap \overline{(A \cap B)}) \cup (B \cap \overline{(A \cap B)}) \cup (A \cap B) \tag{2.8}$$

であり, 右辺の括弧で表されたどの二つも互いに排反であるから, 公理の3番目より,

$$P(A \cup B) = P(A \cap \overline{(A \cap B)}) + P(B \cap \overline{(A \cap B)}) + P(A \cap B) \tag{2.9}$$

である. さらに,

$$A = (A \cap \overline{(A \cap B)}) \cup (A \cap B) \tag{2.10}$$

$$B = (B \cap \overline{(A \cap B)}) \cup (A \cap B) \tag{2.11}$$

であるから,

$$P(A) = P(A \cap \overline{(A \cap B)}) + P(A \cap B) \tag{2.12}$$

$$P(B) = P(B \cap \overline{(A \cap B)}) + P(A \cap B) \tag{2.13}$$

となり, (2.9) に代入して (2.5) を得る. 3事象の場合は, これを繰り返し適用すれば得られる.

　定理2-2 については, 以下の通りである. 今, 全事象 Ω の確率 $P(\Omega)$ は, 確率の公理の1番目より1である. また, $E \cap \overline{E} = \emptyset$ と $E \cup \overline{E} = \Omega$

§2.4 確率

であることから，確率の公理の 3 番目より，

$$P(\Omega) = P(E \cup \overline{E}) = P(E) + P(\overline{E}) = 1 \qquad (2.14)$$

となるので，(2.7) を得る．また，$E = \Omega$ ととることで，$\overline{E} = \emptyset$ となるので，$P(\emptyset) = 0$ を得る．

第3章　確率変数

　　この章では，確率変数について導入する．確率変数とは，事象に紐づいて定義される変数であると説明されるが，数学の観点からは，標本空間を定義域とし，実数値を値域とする関数である．例えば，ある番号の宝くじを持っていたとしたときに，そのくじが当たるか当たらないか，当たった場合に何等であったかということが標本点となり，等級に対応づいて当選金が決まることになる．異なる番号でも同一の当選金となるような場合があることから，確率変数に対応する標本点からなる事象も考えることに意味がある．

§3.1　確率変数

　確率変数とは，確率的な現象に対して，その標本点に対して実数値を割り当てる関数のことである．定義は後に触れるとして，まずコイン投げの例やサイコロ投げの例で確率変数を考えてみることとする．

例　コイン投げの例で，標本空間 $\Omega = \{H, T\}$ を考える．コインの表が出るという事象 $\{H\}$ に対して 1，裏が出るという事象 $\{T\}$ に対して 0 を割り当てる．このような割り当てに対応する関数 $X(\omega)$ は，

$$X(\omega) = \begin{cases} 1 & (\omega = H) \\ 0 & (\omega = T) \end{cases} \tag{3.1}$$

となる．すなわち，$X(H) = 1, X(T) = 0$ である．

　また，コインの表が出るという事象 $\{H\}$ に対して 5，裏がでるという事象 $\{T\}$ に対して -5 を割り当てる．このような割り当てに対応す

第 3 章　確率変数

る関数 $Y(\omega)$ は，

$$
Y(\omega) = \begin{cases} 5 & (\omega = H) \\ -5 & (\omega = T) \end{cases} \tag{3.2}
$$

となる．これら X, Y はいずれも確率変数である．

例　サイコロを 1 回投げ，その出た目に対して数値を与えるような場合を考える．まず，各々の目に対してその 100 倍の値を与えることを考えると，そのような関数 $X(\omega)$ は，

$$
X(\omega) = \begin{cases} 100 & (\omega = E_1) \\ 200 & (\omega = E_2) \\ 300 & (\omega = E_3) \\ 400 & (\omega = E_4) \\ 500 & (\omega = E_5) \\ 600 & (\omega = E_6) \end{cases} \tag{3.3}
$$

となっている．例えば，$X(E_1) = 100$ である．

　一方，出た目に対して，11 倍して 6 で割ったあまりに 1 を足した値を与えるような関数 $Y(\omega)$ を考えると，それは

$$
Y(\omega) = \begin{cases} 6 & (\omega = E_1) \\ 5 & (\omega = E_2) \\ 4 & (\omega = E_3) \\ 3 & (\omega = E_4) \\ 2 & (\omega = E_5) \\ 1 & (\omega = E_6) \end{cases} \tag{3.4}
$$

§3.1 確率変数

となっている．これら X, Y はいずれも確率変数である．

　以上のことで注意する必要があるのは，確率変数のとる値と「サイコロの出目」は同じものではなく，あくまでサイコロの出目は標本点を決め，その標本点に対して値が決まるのが確率変数である点である．すなわち，「1の出目が出たから確率変数の値が1」というわけではない．

例　さらにサイコロの例で，出た目が偶数か奇数かで，偶数が出たという事象に対して0を，奇数が出たという事象に対して1を割り当てる場合を考える．このときの関数 $X(\omega)$ は，

$$X(\omega) = \begin{cases} 1 & (\omega \in \{E_1, E_3, E_5\}) \\ 0 & (\omega \in \{E_2, E_4, E_6\}) \end{cases} \tag{3.5}$$

となる．この場合，例えば $X(E_1) = 1$ である．これも，確率変数になっている．

問3-1　サイコロ投げの例で，3以下の出目の場合には -100，4以上の出目の場合には 100 とする確率変数を定義してみよ．

　このように，確率変数は標本空間を定義域，実数を値域とする関数である．最後の例のように，事象に対して値を割り当てる場合でも，各事象が持つ標本点に対して確率変数が定義されていることに注意する．このことは，宝くじの当選金の例を考えてみればわかりやすい．仮に宝くじの1等のみの場合を考えてみる．標本空間を手持ちのくじの番号全体の集合，E を1等の当選番号の集合とし，1等当選金を仮に $1,000,000$ 円とする．当選金を表す確率変数 X は，

41

第3章　確率変数

$$X(\omega) = \begin{cases} 1,000,000 & (\omega \in E) \\ 0 & (それ以外) \end{cases} \qquad (3.6)$$

と定められる．すなわち，手持ちのくじの番号が1等当選番号の場合には当選金となり，それ以外の場合には当選金なし，ということになっていて，上記の通りであることがわかる．

問3-2　1等以外の場合も含めて確率変数を定義してみよ．

　確率変数は，本書の範囲においては次のように定義されるが，上記までの内容を理解していれば十分読み進めることができる．

> **定義 3-1**
> 　標本空間を Ω とする．確率変数 X とは，Ω 上の各元 ω に対して実数値を取る関数であり，X の実数値の逆像に対応する事象の確率が定義されているものである．

　確率変数は，Ω が非加算無限の場合にも考えることができる[1]．

例　長さが50mm以上，51mm未満である，ある機械の部品について，その長さを0.1mm単位で精密に計測する計測器があったとする．ただし，計測器に由来する誤差，すなわち計測器側に確率的な現象の発生はないものとする[2]．計測器では，厳密な部品の長さを四捨五入した値で計測されるとする（例えば50.231mmであれば，50.2mm）．
　このような状況では，厳密な部品の長さはわからないので，計測す

---

[1] 前章でも述べた通り，厳密には測度論による正確な議論が必要である．
[2] 現実には計測器の側にも原因があるので，現実を考えるともう少し異なるものとなる．

42

§3.1 確率変数

るという観点では確率的な現象であり，Ω は $[50, 51)$ で，確率 P はいろいろ考えられるが，例えば $P([a, b)) = b - a$ なる確率が考えられる．このとき，X を計測値によって得られる値とすると，

$$X(\omega) = \begin{cases} 50.0 & (\omega \in [50, 50.05)) \\ 50.1 & (\omega \in [50.05, 50.15)) \\ 50.2 & (\omega \in [50.15, 50.25)) \\ \cdots \\ 50.9 & (\omega \in [50.85, 50.95)) \\ 51.0 & (\omega \in [50.95, 51)) \end{cases} \tag{3.7}$$

なる確率変数になっている．

さらに，確率変数自身が実数全体や区間の値を取る場合も考えることができる[3]．ここでは，厳密な議論は回避して，例を挙げるにとどめることとする．

例 さきほどの機械部品の例で，そもそも部品を製造する際に確率的なばらつきがあるとし，その「真の長さ」が 50.0mm 以上 51.0mm 未満であったとする．これは，値域が区間 $[50.0, 51.0)$ なる連続な確率変数になっている．

―――――――――――――――――――

[3] 本項も，本来は測度論による正確な議論が必要である．

第4章 確率分布

　この章では，確率分布について説明する．確率分布とは，確率変数が定義されたときに，各確率変数の値となる確率がいくらであるか，というのを与えるものである．

§4.1 確率分布

4.1.1 離散確率分布と確率分布関数

　離散値をとる確率変数[1] を考える．例えば，コイン投げの例で，コインの表が出たときに 1，裏が出たときに 0 が割り当てられた確率変数 X を考えると，

$$X(\omega) = \begin{cases} 1 & (\omega = H) \\ 0 & (\omega = T) \end{cases} \tag{4.1}$$

である．また，$0 < p < 1$ なる p に対して，表が出る確率を p，裏が出る確率を $1 - p$ とする．すると，$X(\omega) = 1$ となるのが確率 p，$X(\omega) = 0$ となるのが確率 $1 - p$ である．これを，次のように表記する：

$$P(X(\omega) = 1) = p, \tag{4.2}$$

$$P(X(\omega) = 0) = 1 - p. \tag{4.3}$$

　このように，確率変数の取る値と，それに対応する事象集合の確率

---

[1] 正確には確率変数のとり得る値の個数が高々可算無限である場合.

45

第4章　確率分布

の組を確率分布と呼ぶ．より一般的には，次のような確率関数によっ
て定義されるものである．

定義 4-1

　確率変数 $X(\omega)$ が値 x を取るような事象の確率を $f(x)$ とする．
すなわち，

$$f(x) = \sum_{\{\omega \mid X(\omega)=x\}} P(\omega) \tag{4.4}$$

なる $f(x)$ を考える．この $f(x)$ が離散確率変数 X の確率関数で
ある．

なお，離散確率変数の確率関数は，確率質量関数と呼ばれることも
ある．

　次に，確率分布関数を導入する．確率分布関数 $F(x)$ とは，$P(X(\omega)$
$\leq x) = F(x)$ となる関数である．確率分布関数は，次項で説明する連
続確率変数の場合にも統一的に用いることができる，確率変数の持つ
確率分布を表現する関数である．確率分布関数は，単に分布関数と呼
ばれることもある．

例　サイコロの目を確率変数とし，各目が出る確率が等しい場合の
確率分布関数は，図 4.1 のように，階段状の関数となっている．ジャ
ンプする部分の高さがちょうど各値を取る確率（偏りのないサイコロ
の場合には各 $\frac{1}{6}$ ずつ）となっている．

　一般に，離散確率分布の場合の確率分布関数は，対応する確率関数
が値を持つ確率変数値においてジャンプする．

46

§4.1 確率分布

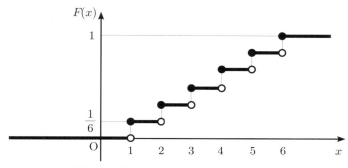

図 4.1 離散確率分布の確率分布関数の例

4.1.2 連続確率分布

前章の機械の部品を製造する例で考えてみよう．部品ごとのばらつきは確率的で，実際の長さはある連続な範囲中の値をとるとする．このような場合，50.31mm といったような特定の長さの「確率」を考えることができない．これは，確率変数が連続的な値を取るために，「わずかに違う」値との境界が無いためである．その結果，特定の確率変数値の確率は，0になってしまう．

このように，確率変数の値が連続となり，ある特定の値の確率を考えることができない場合を考える．この場合には，ある区間 $[a,b]$ に入る確率を考えることになる．区間とすることで，その確率を考えることができる．すると，前項の確率分布関数の考え方を使えて，

$$P(a \leq X \leq b) = F(b) - F(a) \tag{4.5}$$

と書くことができる[2]．

---

[2] ここでは，区間の境界（つまり $X = a$ や $X = b$）の確率は0と考える．

第 4 章 確率分布

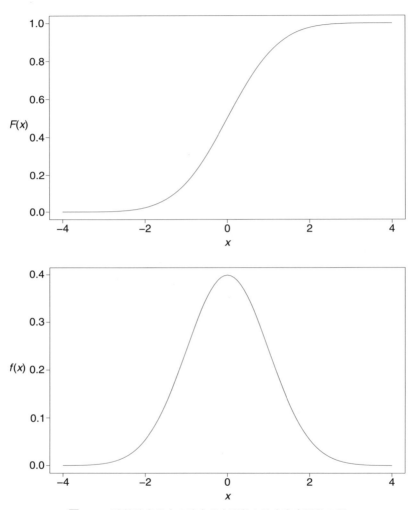

図 4.2 連続確率分布の確率分布関数と確率密度関数の例

§4.1 確率分布

さらに，確率分布関数が微分可能である場合には，分布関数を微分して得られる関数

$$f(x) = \frac{\mathrm{d}F(x)}{\mathrm{d}x} \tag{4.6}$$

を考え，これを確率密度関数と呼ぶ．連続確率変数の場合の確率分布は，多くの場合確率密度関数を用いる．図 4.2 に，代表的な連続確率分布である正規分布の確率分布関数と確率密度関数の例を示した．なお，正規分布については後ほど分布各論で説明する．

問 4-1 分布関数が連続であるとする．このとき，

$$\int_{-\infty}^{\infty} f(x)\mathrm{d}x = 1 \tag{4.7}$$

を示せ．

通常，統計学で扱う連続確率変数の場合には，確率分布関数は多くの場合連続であり，そうでない場合でも，ほとんどの場合で高々有限点の不連続点である．このような有限の不連続点の場合には，その境界までの範囲についてのみ確率密度関数を考え，不連続点では離散型の場合の確率関数を考えればよい．図 4.3 は，離散と連続が混合した場合の確率分布関数の例であり，この図の場合には，一定の確率で $X = 0$ を取り，それ以外の時に，連続確率分布で値が決まるというものである．

なお，確率分布関数は離散・連続にかかわらず次のような性質を満たす．

> **定理 4-1**
>
> 確率分布関数 $F(x)$ は，以下の 3 条件を満たす．
>
> 1. $\lim_{x \to -\infty} F(x) = 0, \lim_{x \to \infty} F(x) = 1.$
> 2. 右半連続，すなわち $\forall x_0 \in \mathbb{R}, \lim_{x \to x_0+0} F(x) = F(x_0).$
> 3. 広義単調増加，すなわち $\forall x, y \in \mathbb{R} \quad x < y \Rightarrow F(x) \leq F(y).$

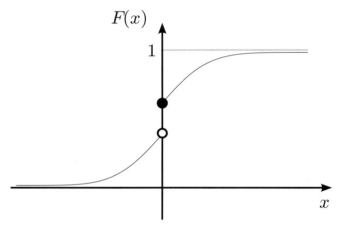

図 4.3　離散と連続が混合した確率分布の確率分布関数の例

4.1.3　確率変数表記の略記について

確率における議論の多くは，事象に対してよりも確率変数に対して行われることが多い．ここまでの説明のように，確率変数を考えるときには，それに対応する事象のことを「忘れて」も議論を進めることができる．この「事象に対応する標本点 ω のことはひとまず忘れ」て，例えば，

$$P(X = x) \tag{4.8}$$

というように表記することがよくある.

　これは，一度確率変数と確率分布が特定されたら，事象について忘れて数学としての取り扱いができるということである．実際の問題においては，事象を気にしなければいけない場合もあるので，そのような場合には，もとに立ち返る意識も必要である．ここが，数学としての確率論と実際のデータを取り扱う統計学との違いと言えるところである.

§4.2　確率分布のパラメータ

　確率分布関数について，その関数形としては同じものであるが，さまざまな理由から，確率変数以外の定数を含んで考えることがよくある．このようなとき，この定数のことを確率分布の「パラメータ（母数）」と呼ぶ．パラメータは，確率的に変動するものではないので，通常の（頻度主義の）統計学では定数として扱うが，後で説明するベイズ主義の統計学では，パラメータを変数として取り扱う．ベイズ主義の統計学における，パラメータを確率変数として取扱う枠組みについては，8章で説明する.

　確率分布のパラメータについて，コイン投げの例で考えてみる．例えば，コインで表が出るか裏が出るかといった事象に対して，3章での定義と同様，表が出た場合の確率変数を $X = 1$，裏が出た場合の確率変数を $X = 0$ とする．ここで，歪みのないコインであれば表と裏が出る確率は同じと考えて良いので

$$P(X) = 0.5 \quad (X = 0, 1) \tag{4.9}$$

とするのが自然である．しかし，表が出やすい場合，例えば

第4章 確率分布

$$P(X) = \begin{cases} 0.8 & (X = 1) \\ 0.2 & (X = 0) \end{cases} \tag{4.10}$$

のようになる場合も考えられる．この両者は $X = 0, 1$ で値を取る離散確率分布の関数としては同種であるが，それに含まれる定数（今の場合は表が出る確率）が異なっている．一般に，コインを1回投げたときの事象に対応する離散確率分布をベルヌーイ分布と呼び，その確率関数は，ある定数 p を用いて

$$f(x; p) = \begin{cases} p & (x = 1) \\ 1 - p & (x = 0) \end{cases} \tag{4.11}$$

と定義される．この p がベルヌーイ分布のパラメータである．

§4.3　確率変数の期待値と分散

次に，確率変数の期待値と分散を定義する．

> **定義 4-2**
>
> 　確率変数 X がある**離散確率分布**（離散の場合）または**確率密度関数**（連続の場合）に従っているとし，その形状を $f(x)$ であるとする．このとき，X の期待値 $E(X)$ は，
>
> 　　離散確率変数の場合には，$E(X) = \displaystyle\sum_x x f(x)$ 　　(4.12)
>
> 　　連続確率変数の場合には，$E(X) = \displaystyle\int_{-\infty}^{\infty} x f(x) \mathrm{d}x$ 　　(4.13)
>
> と定義される．

52

§4.3 確率変数の期待値と分散

定義 4-3

確率変数 X が，上記と同様にある離散確率分布（離散の場合）
または確率密度関数（連続の場合）$f(x)$ に従っているとする．こ
のとき，X の分散 $V(X)$ は，離散確率変数の場合には，

$$V(X) = \sum_x (x - \mu)^2 f(x) \tag{4.14}$$

と定義され，連続確率変数の場合には，

$$V(X) = \int_{-\infty}^{\infty} (x - \mu)^2 f(x) \mathrm{d}x \tag{4.15}$$

と定義される．ただし，μ は X の期待値 $E(X)$ である．
また，X の標準偏差は $\sqrt{V(X)}$ で定義される．

問 4-2 次節に出てくる幾何分布と呼ばれる確率分布は，離散型確率変数に対
する分布であり，

$$f(x; p) = p(1-p)^{x-1}, \qquad x = 1, 2, \ldots \tag{4.16}$$

で与えられる．ただし，p はパラメータである．ここで，確率変数 X が
幾何分布に従うとき，その期待値と分散を求めよ．

また，確率変数 X に対して，関数 $\phi(\cdot)$ による変換を行った場合の
期待値を，離散型の場合には

$$E(\phi(X)) = \sum_x \phi(x) f(x) \tag{4.17}$$

と定義し，連続確率変数の場合には，

$$E(\phi(X)) = \int_{-\infty}^{\infty} \phi(x) f(x) \mathrm{d}x \tag{4.18}$$

と定義する．上記のことから，確率変数 X の分散は，X の変換

53

第4章　確率分布

$$\phi(x) = (x - \mu)^2 \tag{4.19}$$

の期待値であることがわかる.

分散 $V(X)$ は,

$$V(X) = E((X - \mu)^2) = E(X^2) - 2\mu E(X) + \mu^2 = E(X^2) - \mu^2$$

より, X の2乗の期待値から, X の期待値の2乗を引くことによっても得られる.

§4.4　さまざまな離散型確率分布

4.4.1　二項分布

n 回コイン投げを行ったときに, x 回表が出る確率のような, 1回の現象が2通りの値を取り, それが n 回独立に繰り返す現象に対応する確率分布が二項分布である. 確率 p で $X_s = 1$, 確率 $(1-p)$ で $X_s = 0$ となる現象が n 回独立に起こったと考える. ここで, i 回目の試行の結果得られる X_s の値を X_i とし, その和 $X = \sum_{i=1}^{n} X_i$ とする. このとき, 和 $X = x$ となる確率分布が二項分布である. その確率関数は,

$$f(x; n, p) = {}_nC_x p^x (1-p)^{n-x}, \qquad x = 0, 1, \ldots, n \tag{4.20}$$

であり, n と p がパラメータである. 二項分布は, よく $Bi(n, p)$ と表記され, パラメータの n と p が決まると, 分布の形が一つに決まる. また, $n = 1$ の場合を特にベルヌーイ分布と呼ぶのであった. 二項分布に従う確率変数 X の期待値 $E(X)$ と分散 $V(X)$ は,

$$E(X) = np, \quad V(X) = np(1-p) \tag{4.21}$$

となる.

§4.4　さまざまな離散型確率分布

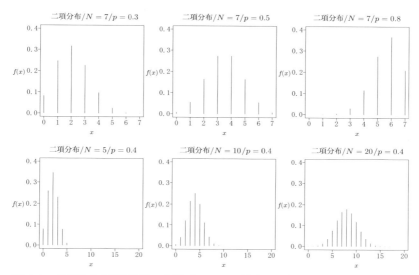

図 4.4　二項分布の確率関数．上段が $N=7$ で固定し p を $0.3, 0.5, 0.8$ と変化させた場合，下段が $p=0.4$ で固定し $N=5, 10, 20$ とした場合．

この期待値の導出は，期待値計算の定義より

$$\sum_{x=0}^{n} {}_nC_x p^x (1-p)^{n-x} x$$
$$= \sum_{x=0}^{n} \frac{n!}{x!(n-x)!} p^x (1-p)^{n-x} x$$
$$= \sum_{x=1}^{n} \frac{n!}{(x-1)!(n-x)!} p^x (1-p)^{n-x}$$
$$= np \sum_{x=0}^{n-1} \frac{(n-1)!}{x!(n-x-1)!} p^x (1-p)^{n-1-x}$$
$$= np(p+(1-p))^{n-1} = np$$

として確認される．

問 4-3　分散が $np(1-p)$ となることを同様にして示せ．

第 4 章　確率分布

4.4.2　ポアソン分布

ポアソン分布は，二項分布において $np = \lambda$ を固定したまま，n について無限大の極限を取ったものである．当然 p は 0 に近づくことになる．これは，機会が多数ありながら，1 回は非常に低い確率で発生する現象（稀な事象）の，現象発生回数 $X = x$ の分布であり，ある警察署管内での 1 日の交通事故件数などがよくあてはまる．

ポアソン分布の分布関数は，

$$f(x; \lambda) = \frac{e^{-\lambda} \lambda^x}{x!}, \qquad x = 0, 1, \dots \tag{4.22}$$

であり，λ がパラメータである．$Po(\lambda)$ と表記する．ポアソン分布に従う確率変数 X の期待値 $E(X)$，分散 $V(X)$ は，ともに λ となる．

期待値は，

$$\sum_{x=0}^{\infty} \frac{e^{-\lambda} \lambda^x}{x!} x$$
$$= \sum_{x=1}^{\infty} \frac{e^{-\lambda} \lambda^x}{(x-1)!}$$
$$= \lambda \sum_{x=0}^{\infty} \frac{e^{-\lambda} \lambda^x}{x!}$$
$$= \lambda$$

として得られ，分散は

$$\sum_{x=0}^{\infty} \frac{e^{-\lambda} \lambda^x}{x!} x^2 - \lambda^2$$
$$= \sum_{x=0}^{\infty} \frac{e^{-\lambda} \lambda^x}{x!} (x-1+1)x - \lambda^2$$
$$= \sum_{x=2}^{\infty} \frac{e^{-\lambda} \lambda^x}{(x-2)!} + \sum_{x=1}^{\infty} \frac{e^{-\lambda} \lambda^x}{(x-1)!} - \lambda^2$$

§4.4 さまざまな離散型確率分布

$$= \lambda^2 \sum_{x=0}^{\infty} \frac{e^{-\lambda}\lambda^x}{x!} + \lambda \sum_{x=0}^{\infty} \frac{e^{-\lambda}\lambda^x}{x!} - \lambda^2$$
$$= \lambda$$

として得られる.

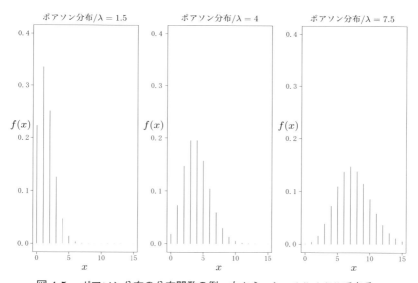

図 **4.5** ポアソン分布の分布関数の例. 左から, $\lambda = 1.5, 4, 7.5$ である.

4.4.3 多項分布

二項分布は, コインの表裏のような 2 状態に関する分布関数であったが, 多項分布は多状態に関する分布関数[3]である. 例えば, サイコロを複数回振ったときの各目が出た回数の分布などがこれに対応する. 全部で k 状態あり, 各状態が実現した回数を x_i とすると, 分布

---

[3] 多項分布は, 多次元の分布関数であり, まだ定義していないが, 同様の拡張が可能であることを仮に認めて, 本項で紹介する.

57

第 4 章 確率分布

関数は

$$f(x_1, \ldots, x_k; n, p_1, \ldots, p_{k-1})$$

$$= \begin{cases} \frac{n!}{\prod_{j=1}^k x_j!} \prod_{i=1}^k p_i^{x_i} & (\sum_{i=1}^k x_i = n \text{ の場合}) \\ 0 & (\text{それ以外}) \end{cases}$$

$$\left(\text{ただし}, \quad p_k = 1 - \sum_{i=1}^{k-1} p_i\right) \tag{4.23}$$

である.

4.4.4 幾何分布

幾何分布は，二項分布の場合と同様の確率 $p(0 \leq p \leq 1)$ で $X_s = 1$, 確率 $(1-p)$ で $X_s = 0$ となる現象の繰り返しに対して，初めて $X_s = 1$ となるまでの試行回数を確率変数 X としたものである．その分布関数は，

$$f(x; p) = p(1-p)^{x-1}, \quad x = 1, 2, \ldots \tag{4.24}$$

となる．幾何分布に従う確率変数の期待値と分散は，

$$E(X) = \frac{1}{p}, \quad V(X) = \frac{1-p}{p^2} \tag{4.25}$$

となる.

幾何分布は，例えば「初めて何かが成功するまでの，試行の回数 （＝失敗回数プラス 1 回）」に対応する.

4.4.5 負の二項分布

負の二項分布は，幾何分布の一般化であって，「初めて $X_s = 1$ となるまで」としたところを「k 回 $X_s = 1$ となるまで」の $X_s = 0$ となる

§4.4 さまざまな離散型確率分布

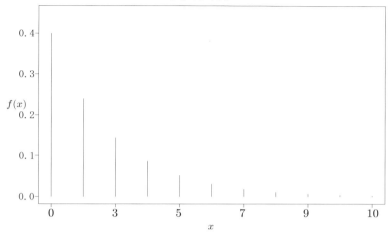

図 **4.6** 幾何分布の分布関数の例. $p = 0.4$ である.

回数の分布のことである．このとき，確率分布は，

$$f(x; k, p) = {}_{k+x-1}C_x p^k (1-p)^x, \quad x = 0, 1, \ldots \quad (4.26)$$

となる．$k = 1$ とし，x を $x - 1$ と変換すれば，幾何分布となる．負の二項分布に従う確率変数の期待値と分散は，

$$E(X) = \frac{k(1-p)}{p}, \quad V(X) = \frac{k(1-p)}{p^2} \quad (4.27)$$

となる．

負の二項分布は，例えば「k 回成功するまでの，失敗の回数」に対応する．

4.4.6 超幾何分布

ある K 個と $N - K$ 個の 2 種類の要素からなる N 個の集団，例えば「袋の中の赤玉と白玉」や「池の中の 2 種類の魚」のような集団を

第4章 確率分布

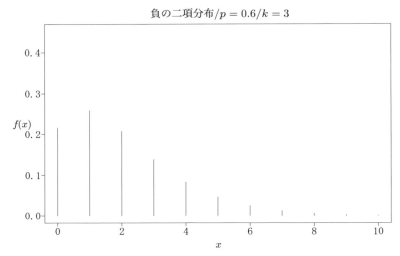

図 4.7 負の二項分布の分布関数の例. $p = 0.6, k = 3$ である.

考え，K 個の方を要素 1，$N - K$ 個の方を要素 2 とする．この集団から，非復元抽出によって n 個取り出したときに，要素 1 が x 個得られる分布が超幾何分布である．確率分布は，

$$f(x; N, K, n) = \frac{{}_K C_x \, {}_{N-K} C_{n-x}}{{}_N C_n},$$
$$\max(0, n + K - N) \leq x \leq \min(K, n) \quad (4.28)$$

となる．また，期待値と分散は，

$$E(X) = n \cdot \frac{K}{N}, \quad V(X) = n \cdot \frac{K(N-K)}{N^2} \cdot \frac{N-n}{N-1} \quad (4.29)$$

となる．

超幾何分布において，$N \to \infty$ かつ $\frac{K}{N} \to p$ とすると，二項分布に近づくことがわかる．すなわち，N が大きいときには，二項分布による近似が可能である．確かに，$\frac{K}{N} = p$ とすると，この式は，

§4.4　さまざまな離散型確率分布

$$E(X) = np, \quad V(X) = np(1-p)\frac{N-n}{N-1} \tag{4.30}$$

となるので，期待値・分散ともに，上記の条件のもとで一致している．

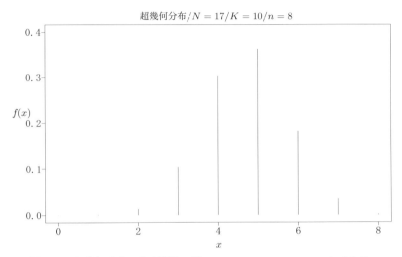

図 **4.8**　超幾何分布の分布関数の例．$N = 17$, $K = 10$, $n = 8$ である．

4.4.7　離散一様分布

離散型確率変数の場合の一様分布は，N 個の状態を等確率で取るときの分布である．確率分布は，

$$f(x; N) = \frac{1}{N}, \quad x = 1, 2, \ldots, N \tag{4.31}$$

となり，期待値と分散は，

$$E(X) = \frac{N+1}{2}, \quad V(X) = \frac{N^2 - 1}{12} \tag{4.32}$$

第 4 章　確率分布

となる．例えば，偏りのないサイコロを 1 回振った時の分布が該当
する．

§4.5　連続確率分布

ここでは，代表的な連続確率分布について取り扱う．

4.5.1　正規分布

正規分布は，連続型の確率分布の中でも，最も代表的なものであり，
さまざまな現象に現れる分布である．

正規分布の確率密度関数は，

$$f(x; \mu, \sigma^2) = \frac{1}{\sqrt{2\pi\sigma^2}} \exp\left\{-\frac{(x-\mu)^2}{2\sigma^2}\right\}, \quad x \in \mathbb{R} \tag{4.33}$$

で与えられる．ただし，μ と σ^2 はパラメータであり，それぞれ期待値
と分散に対応する．また，この正規分布を $N(\mu, \sigma^2)$ と表記する．正
規分布の確率密度関数の形は，図 4.2 のようになっている．図や式か
らわかる通り，$x = \mu$ を軸とした左右対称形となっている．

問 4-4　$N(\mu, \sigma^2)$ に従う確率変数の期待値ならびに分散がそれぞれ μ ならび
に σ となることを示せ．

問 4-5　いわゆるガウス積分を導出することで，上記の確率密度関数につ
いて，

$$\int_{-\infty}^{\infty} f(x)\mathrm{d}x = 1 \tag{4.34}$$

となることを示せ．

X を $N(\mu, \sigma^2)$ に従う確率変数とし，a, b を実定数とする．この
とき，$Y = aX + b$ とすると，Y も確率変数であり，その分布が
$N(a\mu + b, a^2\sigma^2)$ となることがわかっている（導出は 5 章で行う）．こ

62

§4.5 連続確率分布

の性質から，確率変数 X に，標準化による変換

$$Z = \frac{X - \mu}{\sigma} \tag{4.35}$$

をかけたときに，Z は $N(0,1)$ に従うことになる．この $N(0,1)$ のことを，特に標準正規分布と呼ぶ．

今，Z が標準正規分布に従うとする．このとき，

- Z が平均からプラスマイナス標準偏差の範囲に入る確率 $P(-1 \leq Z \leq 1) = F(1) - F(-1)$ は 0.683
- Z が平均からプラスマイナス 2 倍の標準偏差の範囲に入る確率 $P(-2 \leq Z \leq 2) = F(2) - F(-2)$ は 0.955
- Z が平均からプラスマイナス 3 倍の標準偏差の範囲に入る確率 $P(-3 \leq Z \leq 3) = F(3) - F(-3)$ は 0.997

である（図 4.9）．これは，データから平均と標準偏差が与えられた場合，正規分布を仮定すると，平均まわりの確率の見積りに用いることができることを意味している．

多くの確率的な現象に正規分布が現れるのは，第 7 章で説明する中心極限定理による部分が大きい．独立で同一な確率変数の多数の和は，ある仮定を満たしていれば正規分布に漸近するということが示されるためである．

4.5.2 指数分布

指数分布は，故障率一定の機械の偶発故障までの時間や寿命などといった，現象が偶然起こるまでの時間についての分布であり，確率密度関数は，

第 4 章 確率分布

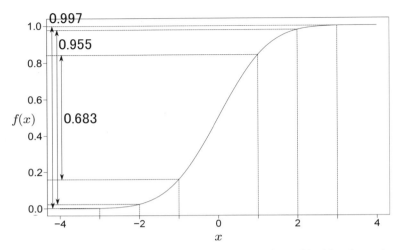

図 4.9 標準正規分布の分布関数における標準偏差と確率の関係．例えば，x が -1 から 1 の間となる確率は 0.683 となる．

$$f(x;\lambda) = \begin{cases} \lambda e^{-\lambda x} & x \geq 0 \\ 0 & x < 0 \end{cases} \quad (4.36)$$

で与えられる．指数分布に従う確率変数 X の期待値と分散は，

$$E(X) = \frac{1}{\lambda}, \quad V(X) = \frac{1}{\lambda^2} \quad (4.37)$$

となる．

問 4-6 期待値と分散が上記の通りとなることを確かめよ．また，分布関数を求めよ．

4.5.3 カイ二乗分布 (χ^2 分布)

カイ二乗分布 (χ^2 分布) は，確率変数 $X_i (i = 1, \ldots, n)$ が標準正規分布に従い，かつ独立[4]な場合に，$\sum_{i=1}^{n} X_i^2$ が従う分布であり，

---
[4] 次章参照．

§4.5 連続確率分布

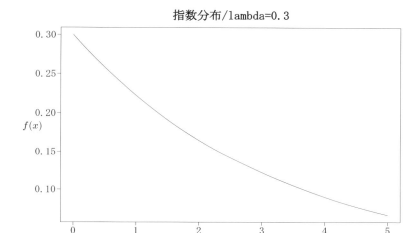

図 4.10　指数分布の密度関数の例. $\lambda = 0.3$ である.

$$f(x;n) = \begin{cases} \dfrac{1}{2^{\frac{n}{2}}\Gamma(\frac{n}{2})} x^{\frac{n}{2}-1} e^{-\frac{x}{2}}, & x \geq 0 \\ 0, & x < 0 \end{cases} \quad (4.38)$$

なる確率密度関数を持つものである. ただし, $\Gamma(\cdot)$ は

$$\Gamma(\alpha) = \int_0^\infty x^{\alpha-1} e^{-x} \mathrm{d}x \quad (4.39)$$

で与えられ, α が正の整数の場合には $(\alpha-1)!$ となる, ガンマ関数である. 図 4.11 がカイ二乗分布の密度関数の例である. カイ二乗分布の場合, パラメータ n のことを特に自由度と呼ぶ. カイ二乗分布に従う確率変数 X の期待値と分散は,

$$E(X) = n, \quad V(X) = 2n \quad (4.40)$$

となる.

第4章 確率分布

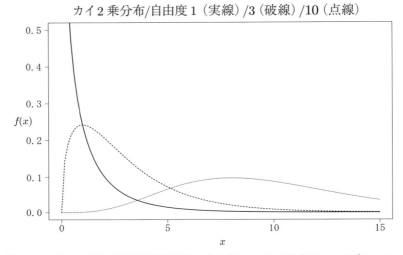

図 **4.11** カイ二乗分布の密度関数の例. 自由度 1, 3, 10 の場合についてプロットしてある.

カイ二乗分布は，この後の区間推定や検定において，分散に関係する推論を行う際に必要とされる分布である．また，質的変数間の独立性を検証するような独立性の検定などにも使われる重要な分布である．

4.5.4　ベータ分布

ベータ分布は，区間 $(0,1)$ において確率を持つ連続確率分布で，$\alpha > 0, \beta > 0$ なるパラメータに対して，密度関数が，

$$f(x;\alpha,\beta) = \begin{cases} \frac{x^{\alpha-1}(1-x)^{\beta-1}}{B(\alpha,\beta)}, & 0 < x < 1 \\ 0, & \text{それ以外} \end{cases} \quad (4.41)$$

で与えられる確率分布である．ただし，$B(\alpha,\beta)$ は，

§4.5 連続確率分布

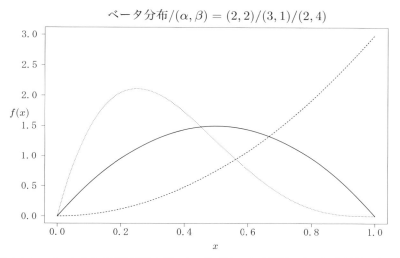

図 **4.12** ベータ分布の密度関数の例. (α, β) が $(2, 2)$（実線），$(3, 1)$（破線），$(2, 4)$（点線）の場合についてプロットしてある．

$$B(\alpha, \beta) = \frac{\Gamma(\alpha)\Gamma(\beta)}{\Gamma(\alpha + \beta)} \tag{4.42}$$

で与えられるベータ関数と呼ばれるものである．図 4.12 がベータ分布の密度関数の例である．期待値と分散は，

$$E(X) = \frac{\alpha}{\alpha + \beta}, \quad V(X) = \frac{\alpha\beta}{(\alpha + \beta)^2(\alpha + \beta + 1)} \tag{4.43}$$

で与えられる．

ベータ分布は，ベイズ主義の統計学において，事前分布として用いられることがよくあることから，重要である．

4.5.5 コーシー分布

コーシー分布は，密度関数が，

第 4 章 確率分布

$$f(x; \gamma, c) = \frac{\gamma}{\pi(\gamma^2 + (x - c)^2)} \tag{4.44}$$

で与えられる分布である．ただし，$\gamma > 0$ である．このコーシー分布
は，正規分布と似た左右対称の釣鐘形をしているが，分布の両端の密
度が大きいために，期待値の積分が定義できず，分散の積分も発散し
てしまうため，期待値も分散も存在しない．図 4.13 は，コーシー分
布と正規分布の密度関数をプロットしたものである．図からも，コー
シー分布の方が裾の確率が高いまま残っていることがわかる．コー
シー分布は，おおよそ中央値付近にいるが，時々極端な外れ値をとる
場合の分布として用いられることがある．

4.5.6 t 分布

t 分布は，密度関数が

$$f(t; \nu) = \frac{\Gamma((\nu + 1)/2)}{\sqrt{\nu\pi}\Gamma(\nu/2)} \left(1 + \frac{t^2}{\nu}\right)^{-\frac{\nu+1}{2}} \tag{4.45}$$

で与えられる分布である．ただし，$\nu > 0$ である．この分布は，独立
同分布に従う正規分布から得られた標本について，その標本平均を標
本から得られた標準偏差で基準化した場合の確率変数が従う分布であ
る．第 8 章以降に説明する平均の区間推定や仮説検定において，重要
な役割を果たしている．パラメータ ν を特に自由度と呼ぶ．

図 4.14 が，t 分布の自由度 $1, 5, 30$ の場合と，標準正規分布をプロッ
トしたものである．図からわかる通り，正規分布よりも裾の確率が高
く，自由度が大きくなると標準正規分布に近づいていることがわか
る．なお，自由度 1 の t 分布はコーシー分布と一致する．

§4.5 連続確率分布

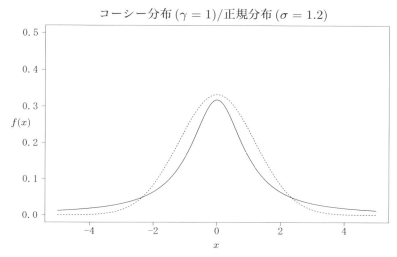

図 4.13 コーシー分布と正規分布の密度関数の比較例．コーシー分布（実線）は，$(c, \gamma) = (0, 1)$，正規分布（破線）は $N(0, 1.2^2)$ である．

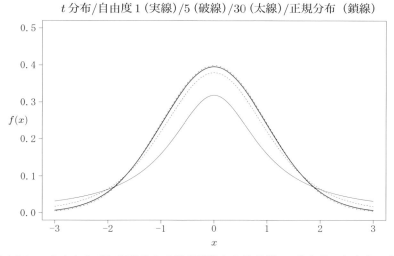

図 4.14 t 分布ならびに正規分布の密度関数との比較例．t 分布は，自由度 1（実線），5（破線），30（太線）でプロットし，正規分布は標準正規分布 $N(0, 1)$（鎖線）である．

第 4 章 確率分布

コラム

本章では，さまざまな分布を紹介し，その形状を示してきた．正規分布は，理論的な取り扱いが容易であること，特に，第 7 章で説明する中心極限定理からほとんどの分布の独立な確率変数の和や平均が正規分布に近づくこと，実際にさまざまな現象の確率的な要素に現れることから，現象を表現するのに幅広く用いられてきた．その有用性は認められるところであるが，一方でそうでない分布の取り扱いも重要であり，特に最後の方で示した裾の重い分布は，経済現象に現れるとして，近年では重要な役割をもっている．

例えば，株価の変動率の頻度をプロットしてみると，正規分布よりも裾が重い場合が良く出て来る．図は 2007 年 1 月から 2010 年 12 月までの日毎の日経平均株価の収益率を階級幅で規格化した相対頻度でプロットし，その平均と分散に対応する正規分布も合わせてプロットしたものである．この例でも，変動の大きいところが正規分布よりも多く現れていることがわかるこれは，株価の変動率が正規分布に従うと仮定すると，暴騰・暴落の確率を本来のものよりも低く見積もってしまうことに対応する．このことは，本来避けたい大きな損失に対して頑健でないことを意味して，問題であると言われることがある．

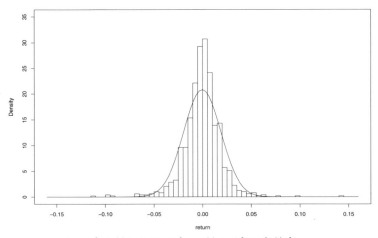

2007 年 1 月から 2010 年 12 月の日毎の収益率

§4.5 連続確率分布

　このような正規分布に従わない経済現象の取り扱いについては，統計的時系列解析（例えば北川 (2005)）を含む計量経済学において研究がされてきている他，「経済物理学」（例えば高安 (2004)）といった新しい方法でも，この点を取り扱った研究がされてきている．近年，金融市場においては自動取引を中心とした高速・高頻度での経済取引がされるようになってきており，このような分野の研究はますます重要になると考えられる．

第5章　確率変数の独立性と条件付き期待値

　本章では，複数の確率変数を同時に考える同時分布と，確率変数の独立性について扱う．さらに，その発展として，確率変数の条件付き確率と条件付き期待値についても取り扱う．

§5.1　同時分布と周辺分布

5.1.1　同時分布

　2つの確率変数 X ならびに Y があり，これらの間に関係があるとする．例えば，機械の検査結果から得られる何らかの数値と，その後1年間の故障率の間には，関係があることが考えられよう．このような場合，X, Y 各々の確率分布だけを見ただけでは，両者の関係を考察することはできない．そこで，「同時に起こる確率」というものを考えるのが同時分布の考え方である．

定義 5-1

　2つの離散確率変数 X, Y について，この組で作られる2次元ベクトル (X, Y) を考える．このとき，

$$P(X = x, Y = y) = f(x, y) \tag{5.1}$$

なる $f(x, y)$ を，2次元確率変数 (X, Y) の同時確率関数と呼ぶ[1]．また，（累積）分布関数も1次元の場合と同様に考えることが

---

[1] これは，4章でも説明した事象のことは忘れて確率変数の値で考えた表記であるが，そもそも両者の間に関係があるということは，その背後にある事象を通じて関係しているということを指摘しておく．

第 5 章　確率変数の独立性と条件付き期待値

でき,

$$P(X \le x, Y \le y) = F(x, y) \tag{5.2}$$

で定義される.

　以上の定義は, 確率変数が 3 つ以上の場合にも同様にして与えることになり, n 個の場合に, n 次元確率変数の同時確率関数と呼ぶ.
　一方, 連続な確率変数の場合には, 次のように与える.

定義 5-2

　2 つの連続確率変数 X, Y について, この組で作られる 2 次元ベクトル (X, Y) を考える. 2 次元ユークリッド空間内のどの領域 A についても,

$$P((X, Y) \in A) = \iint_A f(x, y) \mathrm{d}x \mathrm{d}y \tag{5.3}$$

なる関数 $f(x, y)$ を考えることができるとき, これを 2 次元確率変数 (X, Y) の同時確率密度関数と呼ぶ. これは, 1 次元の場合の確率密度関数と同様,

$$f(x, y) \ge 0, \qquad \iint_{\mathbb{R}^2} f(x, y) \mathrm{d}x \mathrm{d}y = 1 \tag{5.4}$$

である. この場合にも, 確率分布関数は

$$P(X \le x, Y \le y) = F(x, y) \tag{5.5}$$

で定義され,

$$F(x, y) = \int_{-\infty}^{x} \int_{-\infty}^{y} f(x, y) \mathrm{d}x \mathrm{d}y \tag{5.6}$$

となる.

---

§5.2 2次元確率変数の期待値と共分散

5.1.2 周辺分布

今，2次元の確率変数 (X, Y) に対応する確率分布関数 $F(x, y)$ が与えられたとする，ここで，確率変数 Y について消去する周辺化とは，

$$F_X(x) = \lim_{y \to \infty} F(x, y) \tag{5.7}$$

を得ることである．この結果，確率変数 X の分布関数が得られることになる．この分布を周辺分布と呼ぶ．

連続確率変数の場合，上記の結果得られる分布関数をもとに確率密度関数を考えると，これは，同時確率密度関数のうち，消去変数について積分消去したものとなっていることがわかる．

問 5-1 連続確率変数の場合に成り立つこの性質を示せ．

§5.2 2次元確率変数の期待値と共分散

ここでは，2次元確率変数の期待値と共分散について取り扱う．

定義 5-3

2次元の確率変数 (X, Y) に対応する確率関数または密度関数 $f(x, y)$ が与えられたとする，ここで，X, Y の関数 $\phi(X, Y)$ を考えた時に，この期待値は，離散型の場合には，

$$E(\phi(X, Y)) = \sum_x \sum_y \phi(x, y) f(x, y) \tag{5.8}$$

によって，連続型の場合には，

$$E(\phi(X, Y)) = \int_{-\infty}^{\infty} \int_{-\infty}^{\infty} \phi(x, y) f(x, y) \mathrm{d}x \mathrm{d}y \tag{5.9}$$

によって与えられる．

75

第5章　確率変数の独立性と条件付き期待値

また，これを用いて，X と Y の共分散 $\mathrm{Cov}(X,Y)$ と相関係数 $\mathrm{Cor}(X,Y)$ は次で与えられる．

定義 5-4

2次元の確率変数 (X,Y) に対応する確率関数または密度関数 $f(x,y)$ が与えられたとする，ここで，X と Y の共分散 $\mathrm{Cov}(X,Y)$ は，

$$\mathrm{Cov}(X,Y) = E((X - E(X))(Y - E(Y))) \tag{5.10}$$

で定義される．また，相関係数 $\mathrm{Cor}(X,Y)$ は，

$$\mathrm{Cor}(X,Y) = \frac{\mathrm{Cov}(X,Y)}{\sqrt{V(X)V(Y)}} \tag{5.11}$$

で定義される．

特に，共分散が 0 の場合，相関係数も 0 となるが，このようなときに X と Y が無相関であるという．

問 5-2　相関係数は，$-1 \leq \mathrm{Cor}(X,Y) \leq 1$ の範囲となることを示せ．

§5.3　確率変数の独立と条件付き確率

5.3.1　確率変数の独立

確率変数 X,Y が独立であるというのを，次のように定義する．

§5.3 確率変数の独立と条件付き確率

定義 5-5

実数 x, y に対して決まる事象集合 $A_{X,Y}(x,y)$ を

$$A_{X,Y}(x,y) = \{\omega | X(\omega) < x, Y(\omega) < y\} \tag{5.12}$$

とする．また，同様に，$A_X(x)$ を

$$A_X(x) = \{\omega | X(\omega) < x\} \tag{5.13}$$

とし，Y についても同様とする．

このとき，任意の実数 x, y に対して，

$$P(A_{X,Y}(x,y)) = P(A_X(x))P(A_Y(y)) \tag{5.14}$$

となるときに，確率変数 X, Y が独立であるという．

上記の定義は，よりシンプルには，確率変数 X, Y の同時確率分布 $F(x,y)$ と周辺分布 $F_X(x)$ ならびに $F_Y(y)$ を考えた時に，

$$F(x,y) = F_X(x)F_Y(y) \tag{5.15}$$

となる時のことと言い換えられる．またこの関係は，離散の場合の同時確率関数や連続の場合の確率密度関数についても，同様に

$$f(x,y) = f_X(x)f_Y(y) \tag{5.16}$$

となる時のことでもある．

なお，2つの確率変数が独立な場合には，必ず両者は無相関であるが，逆は一般には成り立たない．

問 5-3 「2つの確率変数が独立な場合には，両者は無相関である」ことを示せ．

77

第5章　確率変数の独立性と条件付き期待値

一般に，確率変数が n 個になった時の独立の定義も同様である．

定義 5-6

　実数 $x_1, x_2, \ldots, x_n$ に対して決まる事象集合 $A_{X_1, \ldots, X_n}(x_1, x_2, \ldots, x_n)$ を

$$A_{X_1, \ldots, X_n}(x_1, \ldots, x_n) = \{\omega \mid X_1(\omega) < x_1, \ldots, X_n(\omega) < x_n\} \tag{5.17}$$

とする．また，同様に，$A_{X_i}(x_i)$ を

$$A_{X_i}(x_i) = \{\omega \mid X_i(\omega) < x_i\} \tag{5.18}$$

とする．

　このとき，任意の実数 $x_1, \ldots, x_n$ に対して，

$$P(A_{X_1, \ldots, X_n}(x_1, \ldots, x_n)) = \prod_{i=1}^{n} P(A_{X_i}(x_i)) \tag{5.19}$$

となるときに，確率変数 $X_1, \ldots, X_n$ が独立であるという．

例　離散確率変数 X と Y は，ともに 0 または 1 をとるものとし，

$$P(X = 0, Y = 0) = 0.3, \tag{5.20}$$

$$P(X = 1, Y = 0) = 0.2, \tag{5.21}$$

$$P(X = 0, Y = 1) = 0.3, \tag{5.22}$$

$$P(X = 1, Y = 1) = 0.2 \tag{5.23}$$

であったとする．このとき，

$$P(X = 0) = 0.6, \tag{5.24}$$

$$P(X = 1) = 0.4, \tag{5.25}$$

§5.3 確率変数の独立と条件付き確率

$$P(Y = 0) = 0.5, \tag{5.26}$$

$$P(Y = 1) = 0.5 \tag{5.27}$$

であるから，$P(X, Y) = P(X)P(Y)$ が全てに対して成立しており，X と Y は独立である．

例 偏りのあるサイコロの出目を X とする．このサイコロは，次のような確率を持っているとする．

$$\begin{aligned} P(X = 1) = 0.18, \quad P(X = 2) = 0.24, \quad P(X = 3) = 0.36, \\ P(X = 4) = 0.06, \quad P(X = 5) = 0.12, \quad P(X = 6) = 0.04 \end{aligned} \tag{5.28}$$

ここで，確率変数 Y ならびに Z について，

$$Y = \begin{cases} 2 & (X = 1, 5) \\ 5 & (X = 2, 3) \, , \\ 8 & (X = 4, 6) \end{cases} \tag{5.29}$$

$$Z = \begin{cases} 1 & (X = 1, 3, 4) \\ 8 & (X = 2, 5, 6) \end{cases} \tag{5.30}$$

とすると，$P(Y, Z) = P(Y)P(Z)$ となっているので，確率変数 Y と Z は独立である．

　Y と Z の 2 つの確率変数を同一の確率変数 X から生成しているにもかかわらず，両者が独立になっている点について，違和感を感じる読者もいるかもしれない．しかし，同一の対象を観測していても，その中に互いに独立な要素が含まれていることがあるということは良くある．例えば，偏りのないサイコロで，「偶数の目が出るという事象」

第5章　確率変数の独立性と条件付き期待値

と，「1 または 4 の目が出るという事象」は独立であることはわかるであろう．そのような場合と本質的には変わらないのである．

5.3.2　条件付き確率

2 つの確率変数があったときに，片方の確率変数がある値になったという条件下で，もう一つの確率変数の確率やその分布を考えたいことがある．この考え方を与えるのが条件付き確率である．

まず，離散確率変数の場合について考える．

定義 5-7

離散確率変数 X, Y について，$X = x$ が実現した下での $Y = y$ の条件付き確率 $P(Y = y | X = x)$ とは，

$$P(Y = y | X = x) = \frac{f(x, y)}{f(x)} \tag{5.31}$$

のことである．また，これを任意の実数の組 (x, y) に関する関数とみて，

$$f(y|x) = \frac{f(x, y)}{f(x)} \quad (\text{ただし，} f(x) \neq 0) \tag{5.32}$$

としたものを，確率変数 X で条件付けた Y の確率関数と呼ぶ．

ここで，$X = x$ は実現しているので，確率は 0 でないことから，分母が 0 とならないことに注意する．このことから，分母が必ず 0 になる連続確率変数の場合には，この定義はそのまま用いることができないということがわかる．しかし，これまでと同様に，（離散の）確率関数の部分を「形式的に」連続の場合の確率密度関数に置き換えて考えることに[1]にする．ただし，1 点の確率を考えることができないの

---

[1] このように形式的においてよいということを議論するには，高度な議論が必要で

§5.3 確率変数の独立と条件付き確率

で，一つの実現した値を考えるのではなく，あくまで条件付き確率密
度として与えることとなる．

定義 5-8

連続確率変数 X, Y について，確率変数 X で条件づけた Y の
条件付き確率密度関数 $f(y|x)$ とは，

$$f(y|x) = \frac{f(x, y)}{f(x)} \tag{5.33}$$

のことである．ただし，$f(x) \neq 0$ とする．

以上の式は，連続・離散に関わらず次のように変形できる．

定理 5-1

確率変数 X, Y の確率関数または確率密度関数について，

$$f(x, y) = f(y|x)f(x) \tag{5.34}$$

が成りたち，確率の乗法定理と呼ばれる．

上記からわかる通り，X, Y が独立な場合，

$$f(y|x) = f(y) \tag{5.35}$$

となっている．

以上のことは，確率変数が3個以上の場合についても成り立つ．

あり，その結果「ある種の」成立しない部分があることもわかるが，本書の範囲を
大きく外れることから，ここでは成立する場合に限った定義として与えることと
する．

第 5 章　確率変数の独立性と条件付き期待値

例　偏りのないサイコロを 1 回振ったとする．振った結果の出目の確率変数を A とし，この出目について，偶数の目であったら $X = 1$，そうでなかったら $X = 0$ となる確率変数 X と 1 または 4 の目であったら $Y = 1$，それ以外の場合は $Y = 0$ となる確率変数 Y を考える．今，サイコロの振った結果の出目は知らずに，確率変数 $X = 1$ が実現したということだけを知ったとする．このとき，

$$P(Y = 1 | X = 1) = \frac{P(X = 1, Y = 1)}{P(X = 1)}$$
$$= \frac{P(A = 4)}{P(\{A = 2\} \cup \{A = 4\} \cup \{A = 6\})} = \frac{1}{3} = P(Y = 1) \quad (5.36)$$

である．他の場合も同様であり，X と Y が独立であること，すなわち X についての情報を得ても Y の確率は変わっていないことがわかる．一方，2 の目が出たら $Z = 1$ となりそれ以外の場合には $Z = 0$ となる確率変数 Z は，

$$P(Z = 1 | X = 1) = \frac{P(X = 1, Z = 1)}{P(X = 1)}$$
$$= \frac{P(A = 2)}{P(\{A = 2\} \cup \{A = 4\} \cup \{A = 6\})} = \frac{1}{3} \neq P(Z = 1) \quad (5.37)$$

となる．すなわち X と Z は独立ではなく，条件付き確率と条件無しの確率が異なっていることがわかる．

§5.4　条件付き期待値

まず，条件付き期待値について，離散の場合を定義する．

§5.4 条件付き期待値

定義 5-9

離散確率変数 X, Y について，条件付き確率が $f(y|x)$ で与えられるとき，X で条件付けた Y の条件付き期待値 $E(Y|X)$ は次で定義される．

$$E(Y|X) = \sum_y yf(y|x). \tag{5.38}$$

ただし，x は $f(x) \neq 0$ を満たす任意の実数とする．また，関数 $\phi(Y)$ の場合の条件付き期待値も，

$$E(\phi(Y)|X) = \sum_y \phi(y)f(y|x) \tag{5.39}$$

で与えられる．

この定義からわかる通り，条件付き期待値は x の関数であるということに注意する．すなわち，条件によって期待値の値が変わるということを意味している．ある特定の実現値 $X = x_0$ の場合に限定すると，上記の条件付き期待値も値となる．連続確率変数の場合も同様に定義する．

定義 5-10

連続確率変数 X, Y について，条件付き確率密度関数が $f(y|x)$ で与えられるとき，X で条件付けた Y の条件付き期待値 $E(Y|X)$ は次で定義される．

$$E(Y|X) = \int_{-\infty}^{\infty} yf(y|x)\mathrm{d}y. \tag{5.40}$$

ただし，x は $f(x) \neq 0$ を満たす任意の実数とする．また，関数

83

第 5 章　確率変数の独立性と条件付き期待値

$\phi(Y)$ の場合の条件付き確率も，次で与えられる．

$$E(\phi(Y)|X) = \int_{-\infty}^{\infty} \phi(y) f(y|x) \mathrm{d}y. \tag{5.41}$$

条件付き期待値と条件付き確率の間には，次のような関係が成り立つ．このことから，条件付き期待値を定義の基礎として，条件付き確率を次で定義する方法もある．

定理 5-2

関数 $h_y(Y)$ を，

$$h_y(Y) = \begin{cases} 1 & (Y \leq y) \\ 0 & \text{それ以外の場合} \end{cases} \tag{5.42}$$

とする．この条件付き期待値 $E(h_y(Y)|X)$ は，条件付き確率の分布関数となっている．

問 5-4 これを示せ．

例 5.3 節の例の X, Z を用いる．

$$E(Z|X=1) = P(Z=0|X=1) \times 0 + P(Z=1|X=1) \times 1 = \frac{1}{3}$$

$$E(Z|X=0) = P(Z=0|X=0) \times 0 + P(Z=1|X=0) \times 1 = 0$$

であるので，

$$E(Z|X) = \begin{cases} 0 & (X=0) \\ \frac{1}{3} & (X=1) \end{cases}$$

である．一方，条件が付かない期待値は

84

$$E(Z) = P(Z = 0) \times 0 + P(Z = 1) \times 1 = \frac{1}{6}$$

である.

§5.5 ベイズの定理

ベイズの定理は，トーマス・ベイズが特殊な場合について証明した定理である.

定理 5-3

二つの離散確率変数 X ならびに Y について，

$$P(X = x | Y = y) = \frac{P(Y = y | X = x)P(X = x)}{P(Y = y)} \qquad (5.43)$$

が成立する．ただし，$P(Y = y) \neq 0$ とする.

証明は容易であり，確率の乗法定理から，

$$P(X = x | Y = y)P(Y = y) = P(X = x, Y = y)$$
$$= P(Y = y | X = x)P(X = x) \qquad (5.44)$$

で，最初と最後の項を $P(Y)$ で割ればよい．導出からわかる通り，確率密度関数についても同様に成立する．このことから，条件付き確率や密度関数を単に $P(X|Y)$ などと表記する．また，確率変数で成立することから，当然事象についても同様に成立する．次に示す例は，事象の場合について説明したものである.

例 今，中の見えない二つの袋がある．片方の袋には赤玉が6個，白玉が3個入っており（これを袋Aとする），もう一方の袋には赤玉4

第 5 章　確率変数の独立性と条件付き期待値

個，白玉が 5 個入っている（袋 B とする）．この二つの袋から一つの袋をまず選び，そしてその袋の中を見ずに玉を 2 個引いたところ，共に赤玉 2 個であった．さて，玉を引いた袋が袋 A であった確率はどれほどであろうか？

　この問題は，次のようにして解答を与えることができる．まず，袋 A を選ぶ確率と袋 B を選ぶ確率は，共に $\frac{1}{2}$ である．また，赤玉を 2 個引くという事象を R と表すことにすると，袋 A を選んだもとで赤玉 2 個引く確率は

$$P(R|A) = \frac{6 \times 5}{9 \times 8} = \frac{5}{12} \tag{5.45}$$

となり，同様に袋 B を選んだもとで赤玉 2 個引く確率は

$$P(R|B) = \frac{4 \times 3}{9 \times 8} = \frac{1}{6} \tag{5.46}$$

となる．するとベイズの定理より

$$P(A|R) = \frac{P(R|A)P(A)}{P(R)} \tag{5.47}$$

$$= \frac{(5/12) \times (1/2)}{(5/12) \times (1/2) + (1/6) \times (1/2)} \tag{5.48}$$

$$= \frac{5}{7} \tag{5.49}$$

となる．

　これからわかることは，選んだ袋が A であった確率がもともと $\frac{1}{2}$ であったものが，赤玉 2 個を引いたという情報により，$\frac{5}{7}$ に更新されたということである．この考え方を積極的に使用するのがベイズ統計学である．

第6章 確率変数の変換

本章では，確率変数の和に関する性質，積率母関数，確率変数の変換によりできる確率変数の分布について取り扱う．

§6.1 確率変数の和の性質

確率変数の和の性質について議論する．

6.1.1 確率変数の和の期待値・分散

まず確率変数の和については，和の期待値が期待値の和となる：

$$E(X + Y) = E(X) + E(Y). \tag{6.1}$$

また，分散については，

$$V(X + Y) = V(X) + V(Y) + 2\operatorname{Cov}(X, Y) \tag{6.2}$$

となる．特に，X と Y が（独立を含む）無相関の場合には，

$$V(X + Y) = V(X) + V(Y) \tag{6.3}$$

が成り立つ．

問6-1 上記の期待値の加法性と分散の性質を証明せよ．

確率変数が n 個の $X_1, \ldots, X_n$ のときの和についても，期待値の線形性から

$$E(X_1 + \cdots + X_n) = \sum_{i=1}^{n} E(X_i) \tag{6.4}$$

第 6 章　確率変数の変換

となり，$X_1, \ldots, X_n$ が独立な場合には，

$$V(X_1 + \cdots + X_n) = \sum_{i=1}^{n} V(X_i) \tag{6.5}$$

となる．

　また，n 個の $X_1, \ldots, X_n$ が独立で，かつ同一の確率分布に従う場合には，その期待値と分散をそれぞれ，μ, σ^2 としたとき，

$$E(X_1 + \cdots + X_n) = n\mu \tag{6.6}$$

および，

$$V(X_1 + \cdots + X_n) = n\sigma^2 \tag{6.7}$$

が成り立つ．このことから，$X_1, \ldots, X_n$ が独立でかつ同一の確率分布に従う場合の相加平均 $\overline{X}$ の期待値と分散は，

$$E(\overline{X}) = \mu \tag{6.8}$$

および，

$$V(\overline{X}) = \frac{\sigma^2}{n} \tag{6.9}$$

となる．このことは，同種の繰り返し試行によって得られる確率変数の相加平均は，期待値と分散が存在する場合には，期待値が変わらず試行を繰り返すほど分散が小さくなる，すなわち 1 回の試行で得られる期待値の周りに収束していくことを表している．この一般化が，次章で説明する大数の法則である．

6.1.2　確率変数の和の確率分布

　2 つの独立な離散確率変数 X, Y について，その和 $Z = X + Y$ も確率変数となるので，ある分布を持つことになる．ここで，それぞれの

$$\S6.2\quad \text{モーメント母関数}$$

確率関数を $f_X(x), f_Y(y)$ としたとき，

$$f_Z(z) = \sum_x f_X(x) f_Y(z-x) \tag{6.10}$$

によって Z の確率関数を得ることができる．これを畳み込みと呼び，

$$f_Z = f_X * f_Y \tag{6.11}$$

と表記する．なお，連続確率変数の場合には，確率関数は確率密度関数に，和は積分に置き換える．

今，X_1 が正規分布 $N(\mu_1, \sigma_1^2)$，X_2 が $N(\mu_2, \sigma_2^2)$ に従う場合には，その和 $X = X_1 + X_2$ も正規分布 $N(\mu_1 + \mu_2, \sigma_1^2 + \sigma_2^2)$ に従う．このように，独立で同じ分布関数（パラメータは異なって良い）に従う確率変数の和の分布が，もとの分布と同じ分布形に従うとき，当該の確率分布は再生性を持つという．再生性を持つ分布は，正規分布の他にポアソン分布，二項分布，ガンマ分布，負の二項分布が挙げられる．

問 6-2 ポアソン分布と二項分布が再生性を持つことを示せ．

§6.2 モーメント母関数

モーメント母関数とは，確率変数に対して決まる実関数であり，分布の再生性を畳み込みを用いずに示す場合や，次章で示す中心極限定理において用いられるものである．

第 6 章　確率変数の変換

6.2.1　モーメント母関数の定義

定義 6-1

　確率変数 X のモーメント母関数 $\psi(t)$ は,

$$\psi(t) = E(e^{tX}) \tag{6.12}$$

で得られる関数である.

　モーメント母関数の名前の由来は, 正の整数 r について, $E(X^r)$ を原点まわりの r 次モーメントと呼ぶことに由来する. 1 次モーメントは, 確率変数の期待値である. また, $E((X - \mu)^r)$ を, 期待値まわりの r 次モーメントと呼び, 期待値まわりの 2 次モーメントが分散である.

　モーメント母関数の r 次導関数に $t = 0$ を代入した $M^{(r)}(0)$ は, 原点周りの r 次モーメントになっている. そのため, モーメント母関数を求めれば, 任意の次数のモーメントを求めることができるということになる. 例えば, 正規分布のモーメント母関数は,

$$e^{\mu t + \frac{1}{2}\sigma^2 t^2} \tag{6.13}$$

である.

問 6-3　指数分布, ポアソン分布の場合のモーメント母関数を求め, さらにその期待値と分散をモーメント母関数を用いて求めよ.

6.2.2　モーメント母関数の性質と再生性

　二つの互いに独立な確率変数 X と Y のモーメント母関数 $M_X(t)$, $M_Y(t)$ を考える. 前節で, 確率変数 $Z = X + Y$ の確率密度関数や確率関数は, 畳み込みによって得られることは説明した. 畳み込みによ

§6.2 モーメント母関数

り得られる確率変数のモーメント母関数は，もととなるモーメント母関数の積で得られる，すなわち，

$$M_Z(t) = M_X(t)M_Y(t) \tag{6.14}$$

という性質が知られている．また，モーメント母関数が決まると確率分布が一意に決まる．

　以上のことから，確率分布の再生性を示すには，モーメント母関数の積が求める分布形になっていることを示せばよい．モーメント母関数を用いることで，畳み込みの計算が積の計算となるため，直接畳み込みを計算するよりも容易に分布の再生性を示すことができる．

　正規分布の再生性をモーメント母関数を用いて示す．今，X_1 が正規分布 $N(\mu_1, \sigma_1^2)$, X_2 が $N(\mu_2, \sigma_2^2)$ に従う場合に，その和 $X = X_1 + X_2$ も正規分布 $N(\mu_1 + \mu_2, \sigma_1^2 + \sigma_2^2)$ に従うことを示す．確率変数 X_1 ならびに X_2 のモーメント母関数 $M_{X_1}(t), M_{X_2}(t)$ は

$$M_{X_1}(t) = e^{\mu_1 t + \frac{1}{2}\sigma_1^2 t^2} \tag{6.15}$$

$$M_{X_2}(t) = e^{\mu_2 t + \frac{1}{2}\sigma_2^2 t^2} \tag{6.16}$$

となる．ここで，モーメント母関数の性質より

$$M_X(t) = M_{X_1}(t)M_{X_2}(t) \tag{6.17}$$

$$= e^{\mu_1 t + \frac{1}{2}\sigma_1^2 t^2} e^{\mu_2 t + \frac{1}{2}\sigma_2^2 t^2} \tag{6.18}$$

$$= e^{\mu_1 t + \mu_2 t + \frac{1}{2}\sigma_1^2 t^2 + \frac{1}{2}\sigma_2^2 t^2} \tag{6.19}$$

$$= e^{(\mu_1 + \mu_2)t + \frac{1}{2}(\sigma_1^2 + \sigma_2^2)t^2} \tag{6.20}$$

となり，これは正規分布 $N(\mu_1 + \mu_2, \sigma_1^2 + \sigma_2^2)$ に従う確率変数のモーメント母関数に他ならない．よって再生性が示された．

第6章　確率変数の変換

問 6-4 　ポアソン分布の再生性をモーメント母関数を用いて示せ．またその時のパラメータも与えよ．

§6.3　確率変数の変換

ある分布に従う確率変数について，その関数による変換が必要となることはよくあり，変換後の確率変数の確率分布が必要となることがある．離散確率変数の場合には，そのような変換を行った場合であっても，計算は各々の場合について対応を考えれば良いので，確率変数の対応関係のみを注目して単に書き下せばよい．しかし，連続の場合には，少し工夫が必要である．これを与えるのが次の定理である．

定理 6-1

ある確率変数 X の確率密度関数が $f(x)$ であり，これを単調連続な関数 $h(\cdot)$ によって変換して，確率変数 $Y = h(X)$ を得たとする．ここで，$h(\cdot)$ の逆関数を $h^{-1}(\cdot)$ とするとき，Y の確率密度関数 $g(y)$ は，

$$g(y) = f(h^{-1}(y))|\frac{\mathrm{d}h^{-1}(y)}{\mathrm{d}y}| \tag{6.21}$$

により与えられる．

上記の計算は，いわゆる合成関数の微分である．これは，n 変数の場合も次のように拡張できる．

§6.3 確率変数の変換

定理 6-2

　ある n 個の確率変数 $X_1, \ldots, X_n$ の確率密度関数が $f(x_1, \ldots, x_n)$ であり，これを単調連続な関数 $h_i(x_1, \ldots, x_n)$ によって変換して，確率変数 $Y_i = h_i(X_1, \ldots, X_n), (i = 1, \ldots, n)$ を得たとする．ここで，$h_i(\cdot)$ の逆関数を $h_j^{-1}(\cdot)$ とするとき，$Y_1, \ldots, Y_n$ の確率密度関数 $g(y_1, \ldots, y_n)$ は，

$$g(y_1, \ldots, y_n) = f(h_1^{-1}(y_1, \ldots, y_n), \ldots, h_n^{-1}(y_1, \ldots, y_n)) \left| \frac{\partial \boldsymbol{h}^{-1}}{\partial \boldsymbol{y}} \right| \tag{6.22}$$

により与えられる．ただし，$\left| \frac{\partial \boldsymbol{h}^{-1}}{\partial \boldsymbol{y}} \right|$ はヤコビアンである．

　この結果は，14 章に示す Box-Muller 法による変数変換が，一様分布から標準正規分布への変換になっていることを示すのに用いられる．

例　ここでは，1 変数の場合の確率変数の変換について例を挙げて説明する．

　今，正規分布 $N(\mu, \sigma^2)$ に従う確率変数 X について，その指数変換により得られる確率変数 e^X を Y とする．この確率変数 Y の確率密度関数を求める．指数関数は単調連続であるから，定理の条件は満たしている．関数 $h(\cdot) = \exp(\cdot)$ とすると，その逆関数 $h^{-1}(\cdot)$ は対数関数

$$h^{-1}(\cdot) = \log(\cdot) \tag{6.23}$$

である．よって，確率変数 Y の確率密度関数は

$$g(y) = f(\log(y)) \left| \frac{\mathrm{d} \log(y)}{\mathrm{d} y} \right|$$

第 6 章　確率変数の変換

$$= f(\log(y))\frac{1}{y}$$

$$= \frac{1}{\sqrt{2\pi\sigma^2}y}e^{-\frac{(\log(y)-\mu)^2}{2\sigma^2}}$$

で与えられる．これは，対数正規分布として知られている確率密度関数である．

第7章 中心極限定理

本章では，中心極限定理とそれに関連する大数の法則について取り扱う．中心極限定理とは，比較的緩い仮定の下，複数の独立同分布な確率変数の和が正規分布に漸近するというものであり，さまざまな現象において正規分布が表れることの基礎であると同時に，この後に説明する推定や検定の理論的基礎となる内容でもある．

§7.1 チェビシェフの不等式

大数の法則や中心極限定理を示していく上で必要となるチェビシェフの不等式を説明する．

次の不等式が成り立ち，これをチェビシェフの不等式と呼ぶ．

定理 7-1

確率変数 X が平均 μ と分散 σ^2 をもつとする．ここで，正の実数 $k > 0$ に対して，

$$P(|X - \mu| \geq k\sigma) \leq \frac{1}{k^2} \tag{7.1}$$

が成り立つ．

これは，以下の通りに証明される．ここでは連続確率変数の場合について示す．今，分散 σ^2 は，X が従う確率密度関数 $f(x)$ を用いて，

$$\sigma^2 = \int_{-\infty}^{\infty} (x - \mu)^2 f(x) \mathrm{d}x \tag{7.2}$$

第7章 中心極限定理

と書ける．ここで，平均から見て $k\sigma$ だけ離れた点で積分区間を分けると，

$$\sigma^2 = \int_{-\infty}^{\mu-k\sigma} (x-\mu)^2 f(x)\mathrm{d}x + \int_{\mu-k\sigma}^{\mu+k\sigma} (x-\mu)^2 f(x)\mathrm{d}x$$
$$+ \int_{\mu+k\sigma}^{\infty} (x-\mu)^2 f(x)\mathrm{d}x$$

となる．今，$x \geq \mu + k\sigma$ のとき，

$$(x-\mu)^2 = (x-\mu-k\sigma+k\sigma)^2$$
$$= (x-\mu-k\sigma)^2 + (k\sigma)^2 + 2(k\sigma)(x-\mu-k\sigma)$$
$$\geq (k\sigma)^2$$

となり，同様に，$x \leq \mu - k\sigma$ のときにも $(x-\mu)^2 \geq (k\sigma)^2$ となる．よって，

$$\sigma^2 \geq (k\sigma)^2 \int_{-\infty}^{\mu-k\sigma} f(x)\mathrm{d}x + \int_{\mu-k\sigma}^{\mu+k\sigma} (x-\mu)^2 f(x)\mathrm{d}x$$
$$+ (k\sigma)^2 \int_{\mu+k\sigma}^{\infty} f(x)\mathrm{d}x \tag{7.3}$$

となる．今，第2項は0以上であるので，

$$\sigma^2 \geq (k\sigma)^2 \int_{-\infty}^{\mu-k\sigma} f(x)\mathrm{d}x + (k\sigma)^2 \int_{\mu+k\sigma}^{\infty} f(x)\mathrm{d}x \tag{7.4}$$

となり，この不等式の右辺を確率の式で書きなおすと，

$$\sigma^2 \geq (k\sigma)^2 P((X-\mu) \leq -k\sigma) + (k\sigma)^2 P((X-\mu) \geq k\sigma) \tag{7.5}$$

であるので，これを整理すると示すべき式となる．

§7.2 大数の法則

§7.2 大数の法則

大数の法則は，大数の弱法則と強法則の2種類があり，ともに独立同分布に従う確率変数の算術平均に関する定理である．

7.2.1 大数の弱法則

大数の弱法則は次のようなものである．

定理 7-2

$X_1, \ldots, X_n$ は独立な確率変数であり，同一の平均 μ と分散 σ^2 を持つとする．また，その算術平均を $\overline{X}$ とする：

$$\overline{X} = \frac{1}{n} \sum_{i=1}^{n} X_i. \tag{7.6}$$

このとき，$\overline{X}$ は，$n \to \infty$ の極限において，確率収束の意味で平均 μ に収束する．すなわち，任意の $\epsilon > 0$ に対して

$$\lim_{n \to \infty} P(|\overline{X} - \mu| < \epsilon) = 1 \tag{7.7}$$

となる．

なお，より一般には分散に関する同一性の仮定が不要であるが，ここでは仮定しておく．ただし，有限性は必要である．上記の大数の弱法則は，チェビシェフの不等式を用いて以下のように示される．

今，独立同分布に従う確率変数の算術平均の期待値と分散は，前章の (6.8) と (6.9) より，

$$E(\overline{X}) = \mu$$

第 7 章　中心極限定理

$$V(\overline{X}) = \frac{\sigma^2}{n}$$

であった．したがって，チェビシェフの不等式より，任意の $k > 0$ に
対して

$$P(|\overline{X} - \mu| \geq \frac{k\sigma}{\sqrt{n}}) \leq \frac{1}{k^2} \tag{7.8}$$

が成り立つ．そこで，$\epsilon = \frac{k\sigma}{\sqrt{n}}$ と取ると，

$$P(|\overline{X} - \mu| \geq \epsilon) \leq \frac{\sigma^2}{n\epsilon^2} \tag{7.9}$$

となる．すると，

$$P(|\overline{X} - \mu| < \epsilon) = 1 - P(|\overline{X} - \mu| \geq \epsilon) \geq 1 - \frac{\sigma^2}{n\epsilon^2} \tag{7.10}$$

となるので，$n \to \infty$ で右辺が 1 に収束するため示された．

7.2.2　大数の強法則

　大数の強法則は，入門書では通常扱われることは無いが，弱法則と
の対比で説明をしておく．そのために，まず概収束について定義を与
える．

定義 7-1
　確率変数の列 X_n が確率変数 X に概収束するとは，

$$P(\lim_{n \to \infty} X_n(\omega) = X(\omega)) = 1 \tag{7.11}$$

となるときのことを言う．

　ここで，大数の強法則とは次のような定理である．

§7.3 中心極限定理

> **定理 7-3**
>
> $X_1, \ldots, X_n$ は同一の確率分布に従う独立な確率変数であり，平均 μ と有限な分散および4次元モーメントが存在するとする．また，その算術平均を $\overline{X}$ とする．このとき，$\overline{X}$ は，$n \to \infty$ の極限において，概収束の意味で平均 μ に収束する．

証明は別の書物に譲る．正確な表現ではないことを断った上で，あえて違いについて説明をつければ，大数の強法則では，ある平均が存在する同分布に従う独立な確率変数の列から構成した算術平均の列は，n を大きくすればするほど，ほぼ絶対に平均に収束するということなので，ごく特殊な場合[1] を除いて収束する．それに対し，弱法則では，算術平均の列は，n を大きくすればするほど，平均の周りにいる確率がほぼ1に収束するということであり，それ以外の値を取ることは，「あり得る」のである．

§7.3 中心極限定理

大数の法則は，独立同分布に従う確率変数の算術平均がどのような「値」になるかについての定理であったが，中心極限定理は，独立同分布に従う確率変数の算術平均がどのような「分布」に従うかについての定理である．

---

[1] 測度0と呼ぶ．

第7章 中心極限定理

定理 7-4

$X_1, \ldots, X_n$ は独立な確率変数であり，同一の平均 μ と分散 σ^2 を持つとする．ただし分散は有限とする．また，その算術平均を $\overline{X}$ とする．このとき，確率変数

$$Z_n = \sqrt{n}\left(\frac{\overline{X} - \mu}{\sigma}\right) \tag{7.12}$$

の分布関数を F_n とすると，これは $n \to \infty$ の極限で，標準正規分布 $N(0, 1)$ に収束[2]する．すなわち，任意の実数 a について，

$$\lim_{n \to \infty} P(Z_n \le a) = \int_{-\infty}^{a} \frac{1}{\sqrt{2\pi}} e^{-\frac{x^2}{2}} \, \mathrm{d}x \tag{7.13}$$

となる．

分布収束に関する厳密な議論は本書のスコープ外となるので，ここではもとの確率変数にモーメント母関数が存在するとしたときに，算術平均のモーメント母関数が正規分布のものに収束することを示すことで証明[3]する．今，$Y_i = \frac{X_i - \mu}{\sigma}$ とすると，

$$E(Y_i) = 0,$$
$$V(Y_i) = 1$$

である．したがって，Y_i のモーメント母関数 $\psi_i(t) = E(e^{tY_i})$ について，

$$\psi_i(0) = 1,$$

---

[2] 分布収束と呼ぶ．
[3] 通常統計学で用いる範囲の現象を想定すれば，著者としてはこれで十分役割を果たしていると考えている．

100

$$\S 7.3 \quad \text{中心極限定理}$$

$$\psi_i'(0) = 0,$$

$$\psi_i''(0) = 1$$

となる．ところで，X_i は互いに独立であったことから，Y_i も互いに独立であり，また，

$$Z_n = \frac{1}{\sqrt{n}} \sum_{i=1}^{n} Y_i$$

であることから，Z_n のモーメント母関数 $\psi(t)$ は，

$$\psi(t) = \prod_{i=1}^{n} \psi_i \left(\frac{t}{\sqrt{n}} \right)$$

である．

$$
\begin{aligned}
\psi(t) &= \prod_{i=1}^{n} \psi_i \left(\frac{t}{\sqrt{n}} \right) \\
&= \exp \left(\log \left(\prod_{i=1}^{n} \psi_i \left(\frac{t}{\sqrt{n}} \right) \right) \right) \\
&= \exp \left(\sum_{i=1}^{n} \left(\log \psi_i \left(\frac{t}{\sqrt{n}} \right) \right) \right)
\end{aligned}
$$

となる．今，Taylor の定理により，ある実数 c が区間 $[0, \frac{t}{\sqrt{n}}]$ の間に存在し，

$$
\begin{aligned}
\log \psi_i \left(\frac{t}{\sqrt{n}} \right) &= \log \psi_i(0) + \frac{\psi_i'(0)}{\psi_i(0)} \left(\frac{t}{\sqrt{n}} \right) \\
&\quad + \frac{\psi_i''(0)\psi_i(0) - (\psi_i'(0))^2}{2(\psi_i(0))^2} \left(\frac{t}{\sqrt{n}} \right)^2 + \frac{g_i(c)}{6} \left(\frac{t}{\sqrt{n}} \right)^3
\end{aligned}
$$

$$\text{(7.14)}$$

である．ただし，g_i は $\log \psi_i$ の 3 階微分であり，有界である．よって，

$$\psi(t) = \exp \left(\sum_{i=1}^{n} \frac{1}{2} \left(\frac{t}{\sqrt{n}} \right)^2 + \frac{g_i(c)}{6} \left(\frac{t}{\sqrt{n}} \right)^3 \right)$$

第 7 章 中心極限定理

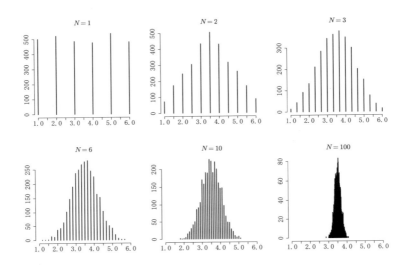

図 7.1 サイコロに対応する一様分布に従う確率変数の算術平均の分布の N による変化の様子．N の増加に従って分布が正規分布に近づく様子が確認できる．

$$= \exp\left(\frac{t^2}{2} + \sum_{i=1}^{n} \frac{g_i(c)}{6}\left(\frac{t}{\sqrt{n}}\right)^3\right)$$

$$\longrightarrow \exp\left(\frac{t^2}{2}\right) \quad (n \to \infty)$$

となる．よって示された．

　この定理が意味するところは，独立で同分布に従う確率変数に平均と分散が存在する場合には，それがいかなる分布に従っていたとしても，算術平均をとると確率変数の数が増えるほど正規分布に近づいていく，ということを表している．図7.1は，偏りのないサイコロに対応する一様分布に従う確率変数 X_i について，その算術平均 $\frac{1}{N}\sum_{i=1}^{N} X_i$ の分布を考え，それに従うサンプルを3000個発生させたときの頻度

§7.3 中心極限定理

分布を表したものである．N の増加に従って，正規分布に変化していく様子が確認できる．

　また，ポアソン分布や二項分布の再生性と中心極限定理からわかることとして，これらの分布において，パラメータ（ポアソン分布の場合には λ，二項分布の場合には n）が大きくなると正規分布に近づいていくということがある．これは，中心極限定理の条件をみたしていることと，分布の再生性から，パラメータの大きいポアソン分布や二項分布は，パラメータの小さいポアソン分布や二項分布の和の分布から構成できるということによる．

問 7-1　二項分布の場合について，近づくことを確認せよ．

第8章 サンプリングと統計的推測

　本章では，統計的推測とサンプリングについて取り扱う．特に，第1章の記述統計学と，統計的推測を用いる推測統計学の違いについて説明し，その推論の基礎についても説明する．これは，次章以降の内容の基礎となる考え方である．

§8.1 推測統計学と記述統計学の違い

　これまでにも説明してきたが，記述統計学とはあるデータセットを理解するために特徴量やプロットにより表現する方法であった．いわば，データを「ありのままに」理解するための方法であった．例えばある講義の成績評価データについて，代表値として平均や中央値を求めたり，箱ひげ図を書いてみると，状況がよく分かり，今後の指導に役立つというわけである．

　一方，知りたい対象全体について調べられない場合がある．例えば，日本の有権者の内閣支持率というのは，全有権者に聞くことができれば理想的なわけであるが，現実的でない．また，ある工業製品の耐久性を調べるために，破壊を伴う検査が必要な場合，全ての生産された製品に検査をしてしまったら，何一つ出荷できなくなってしまう．このような，興味ある対象全体のデータを取ることが困難，あるいは，取ってしまうと無意味という場合に，興味ある対象全体を調べるのではなく，その一部を抜き出して調べることで，対象全体を調べるということが行われる．この「一部を抜き出す」という作業がサン

105

プリングであり，サンプリングの結果を用いてもとの対称全体がどのような状態であるかを推計するのが統計的推測である．推測統計学とは，このような統計的推測を行う枠組み全体のことをいう．

推測統計学においては，興味ある対象全体のことを母集団と呼び，その中から取り出したもののことを標本と呼ぶ．また，母集団から標本を取り出すことをサンプリングあるいは標本抽出と言う．推測統計学においては，母集団から抽出した標本について，特定の量を求め，それをもとにもとの母集団についての情報を得ようとするわけである（図 8.1）．

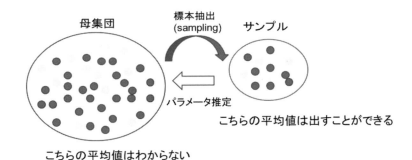

図 8.1　推測統計における基本的考え方 (平均値を推測する場合)

基本的な統計学の方法はこのような考え方に立っている．また，近年のデータ分析手法，特に推定の手法においては，必ずしも標本抽出の考え方のみが念頭にあるわけではないのではあるが，その延長として捉えることができる．データ分析に関する基礎的な概念をしっかり掴んでおくことは，自然科学はもちろんのこと，社会科学，数学教育，確率に関わる数学まで，ほとんど全ての分野において，文献を読む場合などで深い知見を得るために必須の知識であり，このような考え方

に慣れていただきたい．

§8.2　サンプリングと実現

まず，確率現象の実現，ならびに確率変数の実現値について説明する．

> **定義 8-1**
> 標本空間 Ω において，ある事象 E が実現するとは，試行の結果得られた標本点 ω が E の要素であった時のことをいう．

> **定義 8-2**
> 確率分布 $F(x)$ に従う確率変数 X があったとする．確率変数 X の実現値とは，試行の結果得られた標本点 ω に対応する $X(\omega)$ の値のことをいう．

 通常，実現値は小文字で表現する．

ここで，確率の実現という数理と，統計学におけるサンプリングを結びつけて考えるために，以下のような壺のモデルの問題を考えてみる．

ある外から見えない壺の中に，0番から9番までの番号が1つずつ振られた10個の玉が入っていて，よくかきまぜて一つ引くという試行を考える．i 番の玉を引くという事象を ω_i と表現することとし，いずれ

の玉を引く確率も等しい，すなわち，$P(\omega_i) = \frac{1}{10}$ であると仮定する．また，確率変数は各番号に書かれている数値，すなわち，$X(\omega_i) = i$ とする，このとき「壺から玉を一つ引いた結果，5番の玉を引くという結果を得た」というのは，「ω_5 が実現し，実現値として5を得た」ということに対応する．

　母集団を想定する推測統計学においては，標本抽出によって得られた標本を，確率事象の実現や確率分布に従う確率変数の実現値であると考える．すなわち，壺のモデルでは壺に入っている玉が母集団，取り出した玉が標本であり，「よくかきまぜて一つ引く」という作業が標本抽出になっている．

　次に，仮想的に玉の数が1億個あるという状況を考えよう．この中で，赤玉が6000万個，白玉が4000万個含まれているとする．このとき，良くかき混ぜて一つ引くということを繰り返し100回行ったとする．全体から見ると100個は少ないこと，毎回良くかき混ぜていることから，いずれの玉を引く確率も等しく，かつ，近似的に赤玉を引く確率が $\frac{3}{5}$，白玉を引く確率が $\frac{2}{5}$ として良いであろう．すると，赤玉の個数に関する期待値，すなわち，赤玉を引いたときには $X = 1$，白玉を引いたときには $X = 0$ としたときの期待値は60となる．

　以上の設定に対応する実際の問題の例が，世論調査である．世論調査の場合，玉の色に対応するある質問に対する「はい」か「いいえ」の母集団における真の割合はわからないが，母集団に含まれる個数（すなわち壺の中の玉の数）はわかっており，さらに標本の玉の色の割合も，標本抽出の結果分かっていることになる．このような時に，標本抽出の結果を確率変数の実現値としてみた上で，もとの母集団における「真の割合」についてのどのような推論が可能であるかを考える必要がある．

§8.3 母集団分布と推定量

以上のことからもわかるように，標本抽出では，

1. 均質性
2. 乱雑性

が求められることに注意しておく．

§8.3 母集団分布と推定量

ここまでは母集団の要素数について有限の場合の説明をしてきた．しかし，実際の現象では必ずしも有限の要素数を想定するのが適切でない場合がある．例えば，ある地点の温度を繰り返し計測する場合には，有限の要素から標本をとるわけではなく，本質的にある分布で表現される誤差に従ってばらつく，と考えるのが自然である．この場合，母集団が確率分布に従っていて，標本はその実現や実現値であると考える方が自然である．この考え方は，要素数が有限の母集団の場合にも，対応する確率分布を与えれば同様に用いることができる．そこで，これ以降は，母集団についてはある確率分布に従っており，標本はその実現であると考えて議論する (図 8.2)．このときの母集団の確率分布を母集団分布と呼ぶ．また，その形を規定するものを母集団分布のパラメータと呼ぶ．例えば，母集団が正規分布である場合には，母集団分布のパラメータは平均と分散となる．また，以下で n 個の標本を考える場合には，特に断らない限り，それらは互いに独立に実現しているとする．

このような設定になると，推定の問題は単純となり，母集団分布が決まっているとすれば，得られている標本から母集団分布のパラメータや統計量（平均など）を推定する問題となる．このとき，推定され

第8章 サンプリングと統計的推測

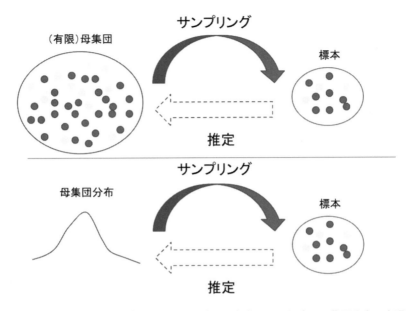

図 **8.2** 上の図のような有限母集団の場合を一般化して，標本は母集団分布の実現と考え，これからもとの母集団について推定を与える．

るべき母集団のパラメータについて，標本から推定を与える関数のことを推定量と呼ぶ．また，実際の標本から得られた推定量の値のことを推定値と呼ぶ．

　推定量を与える方法はいくつかある．ここではパラメータを推定する際の考え方として，代表的なモーメント法ならびに最尤法について説明する．さらに，これら頻度主義の推定論と双璧をなすベイズ主義の場合の推定の考え方を説明し，その場合の推定法の一種である事後確率最大化法を説明する．

§8.4 モーメント法

モーメント法とは，標本から得られるモーメント（以下標本モーメントと呼ぶ）が，もとの母集団の分布のモーメントと一致していると考えて推定を与える方法である．一般には，次のようになる．

まず，母集団分布のパラメータが k 個あるとし，$\theta_i (1 \leq i \leq k)$ とする．母集団分布の $p(1 \leq p \leq k)$ 次モーメント μ_p は，その分布に従う確率変数を X とすると，6 章のモーメントの定義から，

$$\mu_p = E(X^p) \tag{8.1}$$

であり，これはパラメータで決まるので，

$$\phi_p(\theta_1, \ldots, \theta_k) = E(X^p) \tag{8.2}$$

なる関数 $\phi_p(\cdot)$ をおくことができる．

一方，n 個の標本にもとづく p 次モーメント $\hat{\mu}_p$ を

$$\hat{\mu}_p = \frac{1}{n} \sum_{j=1}^{n} x_j^p \tag{8.3}$$

とする．この標本モーメントが母集団分布のモーメントと等しいと仮定すると，結局，

$$\phi_p(\theta_1, \ldots, \theta_k) = \hat{\mu}_p, \quad (1 \leq p \leq k)$$

なる θ_i に関する連立方程式を解くことでパラメータを推定できることになる．以上の方法によりパラメータを推定するのがモーメント法である．

第8章　サンプリングと統計的推測

§8.5　最尤法

最尤法[1]とは，尤度関数というものを定義し，これを最大化することによって，母集団のパラメータを推定する方法である．そのために，まず尤度関数というものを考える．

定義 8-3

確率変数 $X_1, X_2, \ldots, X_n$ に関する同時確率または同時確率密度は，パラメータ θ によって規定されるとし，これを

$$P(X_1, X_2, \ldots, X_n; \theta)$$

と書くことにする．さらに，この分布に従う実現値（標本）として，$x_1, \ldots, x_n$ が得られていたとする．このとき，パラメータ θ に関する尤度関数 $L(\theta)$ を

$$L(\theta) = P(X_1 = x_1, X_2 = x_2, \ldots, X_n = x_n; \theta) \qquad (8.4)$$

によって定義する．

定義 8-4

最尤法とは，標本 $x_1, x_2, \ldots, x_n$ が得られているときに，その尤度関数 $L(\theta)$ を最大とするパラメータを推定すべきパラメータとする方法である．すなわち，

$$\max_{\theta} L(\theta) \qquad (8.5)$$

なる θ をパラメータの推定とする方法である．

---

[1] 英語では，maximum likelihood method であり，「尤」は英語の likely（尤もらしい）に対応する．

112

今得られている標本は，パラメータを比較して，最も確率の値が高いパラメータによる確率分布の実現である，と考えるのがこの最尤法の基礎的な考え方である．注意が必要なのは，尤度関数は確率の性質を満たさず分布関数ではなく，あるパラメータ値が実現する確率を与えるものではないということである．尤度関数は，特定のパラメータを固定したときに，その下で今得られている標本が得られる確率を与えるだけである．現在得られている標本は，確率が高いパラメータの実現であるのが「尤もらしい」と考える方法なのである．

このような尤度関数を最大化することで得られる推定量のことを最尤推定量と呼ぶ．

§8.6　ベイズ主義によるパラメータ推論

最尤法では，「現在実現している状態は，与えられた確率モデルの範囲において，一番確率が高い状態が実現していると考え，パラメータを決める」というものであった．この方法は，「真のパラメータ値は観測できないだけであり，本来は一つに決まっているはずである」という前提がある．確かにこの考え方は，日本の有権者全体の内閣支持率が，全員に聞くことができれば一意に決まると考えれば，筋が通った考え方である．

ところが，この「母集団の割合」が確率変数であると考えると，途端に事情が変わってくる．すなわち，観測された値は実現値として固定されているので確率的なものとはせず，もとのパラメータが確率変数である，と考えるのである．この場合，パラメータを決めるということは，その分布を決めることに他ならなくなる．ベイズ主義のパラメータ推定では，この考え方を取る．ここで用いるのが，ベイズの定

第8章　サンプリングと統計的推測

理であり,

$$P(\theta|X_1,\ldots,X_n) = \frac{P(X_1,\ldots,X_n|\theta)P(\theta)}{P(X_1,\ldots,X_n)} \tag{8.6}$$

によって,標本が条件として入ったパラメータの条件付き分布を求めることで,データに基づいたパラメータ分布の決定を行うことになる.このような,ベイズの定理を活用したパラメータの条件付き分布を用いた推論を行うのが,ベイズ主義である.ベイズ主義においては,あらかじめ何らかの方法によって,パラメータ θ の確率分布 $P(\theta)$ を与えておく.これを事前分布と呼ぶ.この事前分布と尤度 $P(X_1,\ldots,X_n|\theta)$[2] を用いて事後分布 $P(\theta|X_1,\ldots,X_n)$ を求めることになる.なお,分母は分子をパラメータについて積分消去(周辺化)した結果得られるため,理論的には分子のみが与えられれば事後分布をえることができる[3].

§8.7　事後確率最大化法

ここでは,頻度主義における最尤法に対応するものとして,事後確率最大化によるものを示しておく.

---

[2] 最尤法の場合と書き方がわずかに異なるが,本質的には同じである.この違いは,全て確率変数であることから,条件付き確率による表記が自然であること,また,ベイズ主義での書き方にそろえたことによる.

[3] 現実の問題,特に大規模な推論を行う問題においては,この積分定数を求めるのは容易ではない場合がよくある.

§8.7 事後確率最大化法

定義 8-5

パラメータ θ は確率変数であり，確率または確率密度が $P(\theta)$ に従っているとする．また，確率変数 $X_1, \ldots, X_n$ に関する同時確率または同時確率密度は，パラメータ θ によって規定されるとし，これを $P(X_1, X_2, \ldots, X_n|\theta)$ と書くことにする．さらに，この分布に従う実現値（標本）として，$x_1, \ldots, x_n$ が得られていたとする．事後確率最大化によるパラメータ推定は，

$$\max_{\theta} P(X_1 = x_1, X_2 = x_2, \ldots, X_n = x_n|\theta)P(\theta) \tag{8.7}$$

なる θ を推定値とする方法である．

> **注意** ベイズの定理の右辺の分母は，パラメータ θ について積分消去されたものであるから，ベイズの定理の右辺の θ に関する最大化は，分子の最大化に他ならないため，上記の通りとなる．逆に，分母も含めて容易に計算できて，事後分布を陽に与えることが出来る場合には，単にこれを最大化すればよく，当然結果は一致する．

> **注意** 最尤法によるパラメータ推定との違いは，事前分布の有無と言える．すなわち，尤度関数の最大化ではなく，それに事前分布をかけたものの最大化となっている．ベイズ主義からの見方をすれば，最尤法とは，$P(\theta)$ を一定[4] としたときの事後確率最大化による推定とみなすことができる．

例 母集団分布がパラメータ p のベルヌーイ分布に従い，そこから n 個の標本 $x_i (i = 1, \ldots, n)$ が得られている場合を考える．また，本章

---

[4] ただし，このような確率分布は，確率の公理を満たさない場合も多い．

の冒頭で述べた通り，標本が互いに独立であるとする．このとき，母集団分布の平均は p であり，一方，標本の平均 $\bar{x}$ は

$$\bar{x} = \frac{1}{n}\sum_{i=1}^{n} x_i \tag{8.8}$$

である．モーメント法では，この両者が一致していると考えて推定することから，

$$\hat{p} = \frac{1}{n}\sum_{i=1}^{n} x_i \tag{8.9}$$

としてパラメータが推定される．

　一方尤度について考えてみる．ここで，パラメータ p のベルヌーイ分布に従う独立な確率変数の n 個の和の確率変数 $S = \sum_i X_i$ は，二項分布 $Bi(n,p)$ に従うことから，尤度関数 $L(p)$ は

$$L(p) = f(S;n,p) = {}_nC_S p^S (1-p)^{n-S} \tag{8.10}$$

となる．この尤度関数が最大となる $p = \hat{p}$ を求めればよい．最大化のために，尤度関数の対数を取った対数尤度関数 $l(p)$ は，

$$l(p) = \log({}_nC_S) + S\log p + (n-S)\log(1-p) \tag{8.11}$$

となり，これを p で微分すると，

$$\frac{\mathrm{d}l(p)}{\mathrm{d}p} = \frac{S}{p} - (n-S)\frac{1}{1-p} \tag{8.12}$$

なので，$\frac{\mathrm{d}l(p)}{\mathrm{d}p} = 0$ を解くと，

$$\hat{p} = \frac{S}{n} \tag{8.13}$$

となる．これは，モーメント法で推定したパラメータと一致している．

§8.7 事後確率最大化法

この例は，十分多くの人数がいる母集団から，n人をサンプルした場合の標本調査について，母集団のサイズが十分大きいことから無限と近似して求めた設定とみなすことができる．また，コイン投げにおいて，コイン投げ1回につき表がどれくらいの確率で出るかを推定している問題とみることもできる．いずれにせよ，得られた標本の割合がパラメータの推定となっていることがわかる．

例 前例と同様の問題で，ベイズ推定を用いた場合を考えてみる．すなわち，パラメータpのベルヌーイ分布に従う独立なサンプルをn個，$x_i (i = 1, \ldots, n)$を得ている場合を考える．パラメータpの事前分布としてベータ分布$B(a, b)$を考える．ただし，a, bは1より大きい実定数である．ベータ分布とするのは，次章で説明する二項分布の共役事前分布であることによる．

ここで，前例と同様に考えると，パラメータpのベルヌーイ分布に従う独立な確率のn個の和の確率変数$S = \sum_i X_i$は，二項分布$Bi(n, p)$に従うため，

$$P(S|p; n) = {}_nC_S p^S (1 - p)^{n-S} \tag{8.14}$$

となる．ただし，今pは確率変数であり，nは固定された定数であることに注意する．

ここで，ベイズの定理から，

$$P(p|S; n) = \frac{P(S|p; n)P(p)}{\sum_p P(S|p; n)P(p)} \tag{8.15}$$

となり，この確率分布は$B(a + S, b + n - S)$で与えられる．ベータ分布$B(\alpha, \beta)$のモード（確率が最も高いp）は，$\alpha, \beta > 1$において$\frac{\alpha - 1}{\alpha + \beta - 2}$であることから，事後確率最大化による推定パラメータ値$\hat{p}$は，$\frac{a + S - 1}{a + b + n - 2}$となる．

117

第8章　サンプリングと統計的推測

　今，仮に $a = 2, b = 2$ とすると，p の事前分布は $B(2,2)$ で，モードは $p = \frac{1}{2}$ となる．コイン投げでいえば，「表と裏が出る確率は共に $\frac{1}{2}$ である可能性が最も高いという状況」に対応する．ここでさらに，$n = 5, S = 1$ という結果，すなわち5個のサンプル X_i から1個が $X_i = 1$ で残りが $X_i = 0$ という結果を得たとする．この時，p の事後確率最大化を行うと，$\hat{p} = \frac{2}{7}$ となる．これは，最尤推定で得られる $\hat{p} = \frac{1}{5}$ よりもやや大きい値，より $\frac{1}{2}$ に近い値となっていて，事前分布の影響があることがわかる．

　次に，n を大きくとり，$n = 1000, S = 200$ という結果を得たとする．すると，$\hat{p} = \frac{201}{1002} = 0.2006$ となり，ほとんど $\frac{1}{5}$ であることがわかる．すなわち，事前分布の影響が小さくなっている．また，もともと p の事前分布として $B(1,1)$ を取ると，これは区間 $[0,1]$ 上の一様分布になり，この場合の事後確率最大化による推定パラメータ値は最尤推定のものと一致する．

　以上のことをコイン投げで現象論的に解釈すると次のようになる．当初は，偏りが無いと「事前に」想定して，p が $\frac{1}{2}$ である可能性が一番高いという「確率モデル」を想定したことになっている．ここで，5回投げたところ，表が1回しか出なかったので，もともとの $\frac{1}{2}$ よりは確率が低いと考えられるが，回数も少ないのでまだ $\frac{1}{5}$ とまでは言えず，事前の想定も含めて $\hat{p} = \frac{2}{7}$ くらいである．さらにコイン投げを繰り返した結果，1000回で200回表が出たので，これは事前の想定よりも結果の方をかなり信用でき，ほぼ $\frac{1}{5}$ と考えられる．また，p について「全くわからない」ことを表す一様分布を事前の想定とした場合，得られた結果のみから推論することになるので，最尤推定の結果と一致する．

　このように，人間の思考に近い推論結果を適切に得ることができる

118

§8.7 事後確率最大化法

点が，近年ベイズによる推論が広く使われるようになったことの一つ
の理由である．同時に，例えば a, b を大きくとりすぎると，事前分布
の影響が強くなりすぎることから，実際の問題においては，事前分布
による主観性をどのように適切に取り扱うか[5] ということが，肝要な
点の一つとなることがわかる．

---

[5] この点は実問題の観点からも理論的な観点からも，様々な取り扱いがあるが，本書
のスコープを外れるため，他の書物に譲ることとする．

第9章 点推定

推定には点推定と区間推定があり，本章ではまず「推定量を一つ与える」点推定について与える．特に，頻度論に基づく点推定ならびにベイズ主義での点推定について扱う．

§9.1 点推定と各種推定量

前章でも説明した通り，推測統計学では，母集団から標本を得たうえで，標本について何らかの量を計算することで，もとの母集団についての推論を行うものであった．点推定は，母集団のパラメータを標本から得られた数量をもとに推定量を与えるものである．なお，推定量は一通りではなく，「何らかの意味で適当な」統計量を推定量とすることが許される．どのような推定量が適当かということの基準として，不偏性，一致性，有効性などがある．

9.1.1 母集団の平均の推定量

n 個の標本を $x_i(i = 1, \ldots, n)$ とし，母集団分布が平均を持つ分布であるとする．このとき，母集団の平均（以下，母平均）のモーメント法による推定量は，標本平均

$$\frac{1}{n} \sum_{i=1}^{n} x_i \tag{9.1}$$

である．また，正規分布やポアソン分布などの期待値を持つ確率分布を仮定した場合の最尤法による平均の推定量も標本平均となる．

9.1.2 母集団の分散の推定量

分散に関しては，モーメント法によって求められる分散は，

$$\frac{1}{n} \sum_{i=1}^{n} (X_i - \overline{X})^2 \tag{9.2}$$

となる．ただし，$\overline{X}$ は標本平均である．これを本書では（不偏でない）標本分散と呼ぶことにする．正規分布を仮定し，平均が未知の場合の最尤法による推定もこの分散の推定量が得られる．

一方，不偏分散と呼ばれる分散は，

$$\frac{1}{n-1} \sum_{i=1}^{n} (X_i - \overline{X})^2 \tag{9.3}$$

で与えられる．このような分散を考えるのは，不偏分散を母分散の推定量としたときに，後に示す不偏性という推定量が持つべき良い性質のうちの一つをもっているためである．

9.1.3 母集団の比率の推定量

母集団における比率の推定量について考える．ここでいう比率とは，例えば世論調査における全体に対する「はい」の割合のようなものを表している．このような場合，母集団分布として，ベルヌーイ分布 $Bi(1,p)$ を考え，パラメータを p とするのが自然である．コイン投げでいえば，この p は表が出る確率である．

このとき，パラメータ p の推定量は，

$$\frac{1}{n} \sum_{i=1}^{n} X_i \tag{9.4}$$

で与えられる．

§9.2 点推定量の性質

これは，コイン投げの例でいえば，全試行中の表の出る割合であり，世論調査の例でいえば，標本調査の対象となった人の中での「はい」の割合である．

§9.2 点推定量の性質

推定量が満たすとよいさまざまな性質のうち，ここでは，不偏性，一致性，漸近正規性について説明する．

9.2.1 不偏性

母集団のパラメータを θ とし，標本の集合 $\{x_1, \ldots, x_n\}$ を X と表すこととする．さらに，X から構成される推定量を $\hat{\theta}(X)$ と表現することにする．

定義 9-1

推定量 $\hat{\theta}(X)$ が不偏性を持つとは，

$$E[\hat{\theta}(X)] = \theta \tag{9.5}$$

を満たすことを指す．

すなわち，ある推定量が不偏性を持つとは，推定量の分布が，真のパラメータのまわりに分布していることを意味している．このような不偏性を持つ推定量のことを不偏推定量と呼ぶ．標本平均，不偏分散，標本の割合はいずれも不偏推定量になっている．

例 標本平均が不偏推定量になっていることを示す．母集団分布に

第 9 章　点推定

従う確率変数の期待値を μ とする．今，n 個の標本 x_i については，母集団分布に従うことから，

$$E(x_i) = \mu \tag{9.6}$$

である．よって，x_i の集合 X の算術平均 $\overline{X}$ は，

$$\overline{X} = \frac{1}{n} \sum_{i=1}^{n} x_i \tag{9.7}$$

であり，その期待値を計算すると，期待値の線形性を用いて

$$
\begin{aligned}
E(\overline{X}) &= E\left(\frac{1}{n} \sum_{i=1}^{n} x_i\right) \\
&= \frac{1}{n} \sum_{i=1}^{n} E\left(x_i\right) \\
&= \frac{1}{n} \sum_{i=1}^{n} \mu \\
&= \mu
\end{aligned}
$$

となる．よって，標本平均を推定量とすると，その期待値は母集団分布の平均となっているので，標本平均は不偏推定量である．

問 9-1　不偏分散，標本の割合のいずれもが不偏推定量になっていることを示せ．

9.2.2　一致性

推定量の一致性とは，標本数 n が大きくなったときの推定量の良さについて述べたものであり，次のように定義される．

§9.2 点推定量の性質

定義 9-2

推定量 $\hat{\theta}(X)$ が一致性を持つとは，任意の $\varepsilon > 0$ に対して，

$$\lim_{n \to \infty} P(|\hat{\theta}(X) - \theta| > \varepsilon) = 0 \tag{9.8}$$

となる（すなわち確率収束する）時のことをいう．

このことからわかる通り，一致性を持つ推定量とは，「標本数が大きくなるにつれて真のパラメータに近づいていく」という性質を持った推定量であり，十分な標本数を持つときの推定量の良さを保証する性質である．前に挙げた推定量は全て一致推定量になっている．

例 標本平均は，母平均の一致推定量となっている．これは，大数の弱法則より与えられる．

問 9-2 不偏分散，標本の（不偏でない）分散，標本の割合のいずれもが一致推定量になっていることを示せ．

9.2.3 漸近正規性

漸近正規性とは，パラメータの推定量 $\hat{\theta}(X)$ の分布が標本数増加にともなって漸近的にある正規分布 $N(\mu, \sigma^2)$ に近づく（法則収束する）ものである．数理的には，任意の有界連続関数 $f : R \longrightarrow R$ に対して，正規分布 $N(\mu, \sigma^2)$ に従う確率変数を Z とすると，

$$\lim_{n \to \infty} E[f(\hat{\theta}(X))] = E[f(Z)] \tag{9.9}$$

となる時のことをいう．このときの $\hat{\theta}(X)$ を漸近正規推定量という．

第 9 章　点推定

定理 9-1

　母集団分布が有限の 3 次モーメントを持つとき，標本平均は漸近正規推定量になる．

　漸近正規性は，標本数が多いときの推定量の分布を正規分布で近似的に与えることが出来るという点で有用な性質である．

§9.3　ベイズ主義における点推定

　前章でも説明したとおり，ベイズ主義の推定の場合には，パラメータを確率変数とみなし，その分布についての事前確率と尤度を通じた事後確率の計算として推論するものであった．また，点推定の方法として，事後確率最大化法があった．ここでは，正規分布の場合のごく簡単な例の説明を与える．

9.3.1　正規分布の平均のベイズ推定

　事前分布 $P(\theta)$ として，平均 μ_0，分散 σ_0^2 の正規分布を想定する．また，尤度である $P(X|\theta)$ は 1 次元の正規分布で，$\theta = (\mu, \sigma_d^2)$，すなわち $N(\mu, \sigma_d^2)$ であるとし，標本は n 個，すなわち，

$$X = (X_1, \ldots, X_n) \tag{9.10}$$

であるとする．ただし，分散 σ_d^2 は既知であるとして固定し，平均 μ に関する推論のみを事後確率最大化によって行うこととする．すなわち，$\theta = \mu$ である．このとき，事後分布 $P(\theta|X)$ は，

$$P(\theta|X) \propto P(X|\theta)P(\theta)$$

$$= \frac{1}{(2\pi)^{\frac{n+1}{2}} \sigma_0 \sigma_d^n} \exp\left(-\frac{1}{2}\left(\frac{(\mu-\mu_0)^2}{\sigma_0^2} + \sum_{i=1}^{n} \frac{(X_i-\mu)^2}{\sigma_d^2}\right)\right) \tag{9.11}$$

となる．すると，指数関数内の最大化を行えばよいことになる．すなわち，

$$\max_{\mu} P(\theta|X) \tag{9.12}$$

のためには，

$$\max_{\mu} -\frac{1}{2}\left(\frac{(\mu-\mu_0)^2}{\sigma_0^2} + \sum_{i=1}^{n} \frac{(X_i-\mu)^2}{\sigma_d^2}\right) \tag{9.13}$$

なる μ を求めればよい．これを解くと，

$$\hat{\mu} = \frac{\sigma_d^2 \mu_0 + \sigma_0^2 \sum_{i=1}^{n} X_i}{n\sigma_0^2 + \sigma_d^2} \tag{9.14}$$

となり，事後確率最大化の平均の推定量が求められた．なお，この式の $n \to \infty$ の極限を考えると，最尤推定の場合と一致する．これは，標本数が多くなると，事前分布の影響が小さくなることを意味している．

9.3.2 共役事前分布

前項の例では，事前分布も事後分布も共に正規分布となっていた．尤度が正規分布であり，その平均について推論する場合には，事前分布を正規分布とすると，必ず事後分布も正規分布になる．このように，尤度に対応して，事前分布と事後分布が同一の分布となるような事前分布のことを共役事前分布と呼ぶ．

共役事前分布は，解析的に事後確率最大化を行いたい場合に有効な分布である．尤度関数が二項分布の場合には共役事前分布はベータ分

第 9 章 点推定

布となり，尤度関数が正規分布の場合の平均の共役事前分布は正規分布，分散の共役事前分布は逆ガンマ分布となる．

例 分散の事後確率最大化解を逆ガンマ分布を用いて求める．今，分散 σ^2 の事前分布 $P(\theta)$ として，パラメータ α, β を持つ逆ガンマ分布を想定する．この確率密度関数 $f(x)$ は，

$$f(\sigma^2) = \frac{\beta^\alpha}{\Gamma(\alpha)}(\sigma^2)^{-\alpha-1} e^{\frac{-\beta}{\sigma^2}} \tag{9.15}$$

で与えられる．また，尤度である $P(X|\theta)$ は 1 次元の正規分布で，$\theta = (\mu, \sigma^2)$，すなわち $N(\mu, \sigma^2)$ であるとし，標本は n 個，すなわち，

$$X = (X_1, \ldots, X_n) \tag{9.16}$$

であるとする．ただし，平均 μ は既知であるとして固定し，分散 σ^2 に関する推論のみを事後確率最大化によって行うこととする．すなわち，$\theta = \sigma^2$ である．このとき，事後分布 $P(\theta|X)$ は，

$$P(\theta|X) \propto P(X|\theta)P(\theta) \tag{9.17}$$

$$\propto (\sigma^2)^{-\alpha-1-\frac{n}{2}} e^{\frac{-\beta-\sum_{i=1}^n \frac{(X_i-\mu)^2}{2}}{\sigma^2}} \tag{9.18}$$

となる．事後確率最大化解を求めるには，これを σ^2 について最大化すればよく，これを解くと，

$$\hat{\sigma}^2 = \frac{2\beta + \sum_{i=1}^n (X_i - \mu)^2}{2\alpha + n + 2} \tag{9.19}$$

となる．なお，この式の $n \to \infty$ の極限を考えると，平均の場合と同様，最尤推定の場合の推定量に近づいており，標本数が多くなると，事前分布の影響が小さくなることに対応している．

§9.3 ベイズ主義における点推定

例 8章の例8.2において事前分布をベータ分布を用いている．これは尤度関数が二項分布である場合の共役事前分布であり，事後分布もベータ分布となっている．例8.2でも示した通り，陽に事後分布を与えることができる．

問9-3 $B(\alpha, \beta)$ をパラメータ p の事前分布とし，標本 Y が二項分布 $Bi(n, p)$ に従う場合，すなわち尤度が二項分布の場合，その事後分布が $B(\alpha + Y, \beta + n - Y)$ となることを示せ．

第 10 章　区間推定

　本章では，まず通常の区間推定について説明する．次いで，ベイズ主義の場合の区間推定について説明する．

§10.1　点推定と区間推定

　点推定では，推定量と母集団パラメータとの間に誤差があるが，それについては全く言及していないという問題がある．例えば，標本数が 100 の場合と 10000 の場合で，当然推定量の「良さ」は異なるが，同じ推定値が得られた場合には，それらの間の「良さ」についての比較ができない．区間推定は，このような点を改善できる方法であり，推定を信頼区間として区間の形で表現して与えることで，推定量の精度・信頼度についても与えることができる方法である．

　区間推定とは，次のようなものである．

定義 10-1

　$(1-\alpha) \times 100\%$ なる信頼度（あるいは信頼係数）という量を考える．ただし，$0 < \alpha < 1$ である．ここで，真のパラメータ θ に対して，

$$P(L \leq \theta \leq U) \geq 1 - \alpha \tag{10.1}$$

を満たす確率変数 L, U を標本から求める方法のことを区間推定と呼ぶ．このとき，区間 $[L, U]$ を信頼区間と呼び，L, U をそれ

131

第 10 章　区間推定

　それ下側信頼限界，上側信頼限界と呼ぶ．

　信頼度については，通常は，$\alpha = 0.05$(信頼度 95%) や $\alpha = 0.01$(同 99%) 等とする．

　区間推定で得られる区間は，「真のパラメータが，得られた区間内の値である確率が $(1-\alpha)$」ではないことに注意する．これは，真のパラメータは確率変数ではなく，ある一つの定数であるからである．正しくは，「『標本から構成する U, V について，区間 $[U, V]$ にパラメータが入っている』と言っておけば，その『言明』は確率 $(1-\alpha)$ で当たっている」ということになる．(実際は推定は 1 回しかしないが) 仮に n 個の標本を取る標本調査を 100 回行って，調査の度に区間推定を行ったときに，毎回変わる推定区間のうち，$(1-\alpha) \times 100$ 回分が区間の中に真のパラメータを持っている，といった推定[1] である．

問 10-1　95% 信頼区間と 99% 信頼区間のどちらの方が区間は広いか．その理由を区間推定の意味とともに説明しなさい．

§10.2　さまざまな区間推定

　以下では，母集団分布が正規分布かそれに近似できる場合を仮定し，その区間推定を与える．標本数がある程度以上ある標本分布の場合，中心極限定理により標本平均の分布が正規分布に近づく場合も多く，そのような場合には正規分布からの抽出とみなすことが可能となるため，以下の方法は適用範囲が広い．

---

[1] ただし，この考え方は頻度論の場合の区間推定の考え方で，ベイズ主義の区間推定では，文字通り「真のパラメータが区間内の値をとる（事後）確率」を表す．

§10.2 さまざまな区間推定

10.2.1 正規母集団の母平均の区間推定

母集団分布が正規分布であり，その分散が未知である場合の平均の区間推定は次で与えられる．

定理 10-1

母集団分布を正規分布とした時の信頼度 $(1 - \alpha)$ の母平均の区間推定は，

$$\left[\overline{x} - t_{\frac{\alpha}{2}}(n-1) \cdot \frac{s_n}{\sqrt{n}}, \ \ \overline{x} + t_{\frac{\alpha}{2}}(n-1) \cdot \frac{s_n}{\sqrt{n}} \right] \tag{10.2}$$

で与えられる．ただし，$t_{\frac{\alpha}{2}}(n-1)$ は自由度 $n-1$ の t 分布の片側上位 $100 \times \frac{\alpha}{2}$ パーセントの点を，s_n は不偏分散から得られる標準偏差を表す．

なお，標本数が十分大きい（例えば 30 以上の）場合には，t 分布のかわりに標準正規分布の上位 $100 \times \frac{\alpha}{2}$ パーセント点 $Z(\frac{\alpha}{2})$ を用いることができる．

例 ある標本調査で得られた 10 個のデータが次のようであったとする：

$$50, 57, 74, 41, 45, 61, 52, 42, 46, 52$$

ただし，母集団は正規分布に従うとする．このとき，母平均の信頼係数 95% の区間推定を与える．

まず，標本平均 $\overline{x}$ と標準偏差 s_n を求めると，$\overline{x} = 52$ ならびに $s_n = 10$ となる．$\alpha = 0.05$ であり，標本数 n が 10 であることから，自由度 9 の t 分布の片側上位 2.5% 点を調べると，2.262 である．これらより，

第 10 章　区間推定

$$\left[52 - \frac{2.262 \cdot 10}{\sqrt{10}}, \quad 52 + \frac{2.262 \cdot 10}{\sqrt{10}}\right] \tag{10.3}$$

として，$[44.8, \ 59.1]$ を得る.

10.2.2　分散の区間推定

母集団分布を正規分布とした時の信頼度 $(1 - \alpha)$ の母分散の区間推定は，

$$\left[\frac{(n-1)s_n^2}{\chi_{\frac{\alpha}{2}}^2(n-1)}, \quad \frac{(n-1)s_n^2}{\chi_{1-\frac{\alpha}{2}}^2(n-1)}\right] \tag{10.4}$$

で与えられる．ここで，$\chi_{\frac{\alpha}{2}}^2(n-1)$ は自由度 $(n-1)$ のカイ二乗分布の上側確率 $100 \times \frac{\alpha}{2}$ パーセントの点である．母平均の場合と異なり，カイ二乗分布は非対称であることから，パーセント点は 2 つ求める必要があることに注意する.

例　10.2.1 の例の標本に対する，95% 信頼区間の母分散の推定を行う．ただしここでも母集団が正規分布に従うことを仮定する.

今，標本数 $n = 10$，不偏分散 $s_n^2 = 100$ である．また，$\alpha = 0.05$ であることから，自由度 9 のカイ二乗分布についての該当パーセント点を求めると，

$$\chi_{0.975}^2(9) = 2.700, \qquad \chi_{0.025}^2(9) = 19.02$$

であるから，$[47.3, 333.3]$ と計算される.

10.2.3　比率の区間推定

前章に示した比率の点推定に対応する区間推定では，母集団分布として二項分布を想定することになる．しかし，7 章の中心極限定理で

§10.2 さまざまな区間推定

示した通り，標本数が十分大きい時には，二項分布は正規分布に漸近するので，これを利用して区間推定の近似を与えることができる．これを用いた比率の区間推定が次の通りである．

定理 10-2

割合の信頼度 $(1-\alpha)$ の区間推定は，

$$\left[p - Z(\frac{\alpha}{2}) \cdot \sqrt{\frac{p(1-p)}{n}}, \quad p + Z(\frac{\alpha}{2}) \cdot \sqrt{\frac{p(1-p)}{n}} \right] \quad (10.5)$$

により近似的に与えられる．ただし，p は標本比率，$Z(\frac{\alpha}{2})$ は標準正規分布（平均 0，分散 1 の正規分布）の上位 $\frac{\alpha}{2}$ 点を表す．

例　ある歪みのあるサイコロを 100 回投げた結果，1 の目から 6 の目までの出た回数が，それぞれ $13, 21, 25, 17, 5, 19$ であったとする．ここで，偶数が出る比率を考え，その母比率の 95% 信頼区間を与えてみる．

今，偶数は全部で 57 回出ているので，$p = 0.57$ である．したがって，

$$\left[0.57 - 1.96 \times \sqrt{\frac{0.57 \times (1 - 0.57)}{100}}, 0.57 + 1.96 \times \sqrt{\frac{0.57 \times (1 - 0.57)}{100}} \right]$$
$$(10.6)$$

と計算され，$[0.47, 0.67]$ と与えられる．

10.2.4　二つの母集団の平均の差の区間推定

二つの母集団 A,B はともに正規分布に従っているとし，その各々から n_A 個，n_B 個の標本が得られているとする．この母集団の平均の差について，信頼度 $(1-\alpha)$ の区間推定を与えることを考える．ま

第10章 区間推定

ず，母分散が等しいと考えられる場合を考える．A,B のそれぞれの母集団の標本から得られる不偏分散を s_A^2, s_B^2 とすると，合併した分散

$$s_{A,B}^2 = \frac{(n_A - 1)s_A^2 + (n_B - 1)s_B^2}{n_A + n_B - 2} \tag{10.7}$$

を得る．これと t 分布の上位確率点を用いて，

$$\left[\mu_A - \mu_B - t_{\frac{\alpha}{2}}(n_A + n_B - 2)\sqrt{\frac{s_{A,B}^2}{\frac{1}{n_A} + \frac{1}{n_B}}}, \right.$$
$$\left. \mu_A - \mu_B + t_{\frac{\alpha}{2}}(n_A + n_B - 2)\sqrt{\frac{s_{A,B}^2}{\frac{1}{n_A} + \frac{1}{n_B}}} \right] \tag{10.8}$$

で与えられる．ただし μ_A, μ_B は A,B の標本平均である．

母分散が等しいとは言えない場合には，自由度 ν が

$$\nu = \frac{(\frac{s_A^2}{n_A} + \frac{s_B^2}{n_B})^2}{(\frac{s_A^4}{n_A^2(n_A - 1)} + \frac{s_B^2}{n_B^2(n_B - 1)})} \tag{10.9}$$

である t 分布を考えることになる．ここで，

$$\left[\mu_A - \mu_B - t_{\frac{\alpha}{2}}(\nu)\sqrt{(\frac{s_A^2}{n_A} + \frac{s_B^2}{n_B})},\ \mu_A - \mu_B + t_{\frac{\alpha}{2}}(\nu)\sqrt{(\frac{s_A^2}{n_A} + \frac{s_B^2}{n_B})} \right]$$
$$\tag{10.10}$$

によって，平均の差の区間推定が与えられる．

§10.3 ベイズ主義における区間推定

ベイズ主義のパラメータ推定においては，パラメータが確率変数となることから，信頼区間については，単純に「ある範囲にパラメータが入っている確率」と解釈できることになる．この解釈の単純性が，

§10.3　ベイズ主義における区間推定

ベイズ主義の一つの強みであると見ることもできる．ベイズ主義における信頼区間については，「ベイズ信用区間」，「ベイズ確信区間」あるいは「ベイズ信頼区間」と呼んで，頻度主義の信頼区間とは異なることを明示する．ベイズ信用区間は次のような定義で与えられる．

> **定義 10-2**
> あるパラメータの事後分布 $P(\theta|X)$ に対する $1-\alpha$ ベイズ信用区間とは，
> $$\int_L^U P(\theta|X)\mathrm{d}\theta = 1-\alpha \tag{10.11}$$
> を満たす**定数** L, U の区間 $[L, U]$ のことであり，これを求める方法のことをベイズ主義における区間推定と呼ぶ．

以上のことから，ベイズ信用区間を与えるには事後確率分布の計算ができれば，自然と構成できることがわかる．また，上記からわかる通り区間の構成の仕方は一意ではない．そこで，区間が最も狭くなるように，すなわち $U-L$ が最小になるように選ぶか，あるいは，両裾の確率が均等になるよう，すなわち，

$$\int_\infty^L P(\theta|X)\mathrm{d}\theta = \int_U^\infty P(\theta|X)\mathrm{d}\theta = \frac{\alpha}{2} \tag{10.12}$$

となるように選ぶことになる．

例　9.3節 で示した，正規分布の平均のベイズ推定の例について，同様の設定でベイズ信用区間推定とするには，以下のようにすれば良い．事後分布 $P(\theta|X)$ については，

$$P(\theta|X) = \frac{P(X|\theta)P(\theta)}{P(X)}$$

137

第 10 章　区間推定

$$\propto \frac{1}{(2\pi)^{\frac{n+1}{2}} \sigma_0 \sigma_d^n} \exp\left(-\frac{1}{2} \left(\frac{(\mu - \mu_0)^2}{\sigma_0^2} + \sum_{i=1}^{n} \frac{(X_i - \mu)^2}{\sigma_d^2} \right) \right)$$

(10.13)

が成り立つのであった．この式の右辺は規格化されていない，すなわち μ について積分して 1 となっていないため，そのような変形を行って平均と分散を求める必要がある．今，事後分布の正規分布の形をしていること，その事後確率最大化解が (9.14) で与えられることから，式 (10.13) の指数部分を変形して，

$$P(\theta|X) \propto K \exp\left(-\frac{(\mu - \hat{\mu})^2}{\frac{2}{\frac{1}{\sigma_0^2} + \frac{n}{\sigma_d^2}}} \right)$$

(10.14)

と変形できる．ただし，K は μ を含まないある定数である．これを μ について積分した定数を C とすると，

$$\frac{K}{C} \exp\left(-\frac{(\mu - \hat{\mu})^2}{\frac{2}{\frac{1}{\sigma_0^2} + \frac{n}{\sigma_d^2}}} \right)$$

(10.15)

は事後分布 $P(\theta|X)$ となっており，

$$\sigma_p^2 = \frac{1}{\frac{1}{\sigma_0^2} + \frac{n}{\sigma_d^2}}$$

(10.16)

とおくと，事後分布は $N(\hat{\mu}, \sigma_p^2)$ であることがわかる．よって，ベイズ $(1 - \alpha)$ 信用区間は，事後分布の $(1 - \alpha)$ 区間を出せば良く，

$$\left[\hat{x} - Z(\frac{\alpha}{2})\sigma_p, \ \ \hat{x} + Z(\frac{\alpha}{2})\sigma_p \right]$$

(10.17)

で与えればよい．

第 11 章 　検定

　　本章では，仮説検定について説明する．仮説検定は，頻度主義特有の方法で
あり，ベイズ主義では類似の機能を果たす推論の方法はあるが，仮説検定その
ものに相当する方法はないといってよい．

§11.1　仮説検定とは

　推定は母集団のパラメータを与える方法であった．一方，これから
説明する仮説検定は，母集団のパラメータに対する仮説を立て，それ
が正しいか否かを判断する方法である．仮説検定は，単に検定と呼ば
れることも多い．データから母集団に関する何らかの仮説が正しいか
どうかを「判断する」という仕組みを持つ仮説検定は，生物学を中心
としたさまざまな実験科学において広く使われている．例えば，

- ある標本の標本平均が 19 であるときに，母集団の平均が 20 でな
  いと結論づけられるか？
- 二つの母集団からそれぞれ同数ずつ標本を取った時に，その平均
  の差から母集団の平均の間に差があるか？
- あるテストを受けた集団が，その後講義を受けてから，再度テス
  トを受けた時に上昇したか？

といったことを判断するのに使用される．これらはそれぞれ，本章で
説明する，1 群の t 検定，対応のない 2 群の平均の差の検定，対応のあ
る 2 群の平均の差の検定と呼ばれるものに対応している．

139

第 11 章　検定

　仮説検定は，上記の例のようなデータからの判断を与えるという強力な特徴を持つ一方，推論の方法にはクセがあるので，基本をしっかり押さえておかないと間違った適用をすることになってしまう.

§11.2　仮説検定の考え方

　仮説検定の基本は「背理法」である．背理法は，「結論の否定」を仮定に含めると矛盾が生ずることを示すことで論証する方法であったが，統計における仮説検定では，この結論の否定のことを「帰無仮説」と呼び H_0 と書く[1]．また，H_0 の否定（本来示したい仮説）を「対立仮説」と呼び，H_1 と書く.

　例えば，さきほどの「ある標本の標本平均が 19 であるときに，母集団の平均が 20 でないと結論づけられるか？」という問題においては，母集団の平均を μ としたときに，

$$H_0 : \ \mu = 20 \tag{11.1}$$

$$H_1 : \ \mu \neq 20 \tag{11.2}$$

となる.

　ここで，「母集団が正規分布，かつ平均が 20 で分散が既知」であるとすると，H_0 の条件，すなわち，結論の否定の条件下で，標本分布の標本平均が 19 以下の値を取る確率を求めることが出来る．このときの確率，すなわち H_0 を仮定したときに，標本分布の標本平均が 19 以下となる確率が「とても小さい場合」には，そのようなことはあり得ないとして，H_0 の仮定が間違っていたと判断する．これを，「帰無仮説 H_0 が**棄却**された」といって，その否定の H_1 が**採択**されることに

---

[1] 帰無仮説という言葉は「無に帰することが期待される仮説」くらいの意味.

140

§11.2 仮説検定の考え方

なる．仮説検定とは，このような推論の方法である．

ここまでの考え方で注意すべき点がいくつかある．それは，

- サンプルサイズ（観測された標本の個数）はいくつであるか
- 「とても小さい」とはどれくらいか
- 母集団分布の分散は既知かどうか
- 母集団分布は正規分布であるか

である．まずサンプルサイズであるが，これによって標本平均の持つばらつきが変わるため，大変重要になる．検定では，このサンプルサイズを考慮にいれて行う．また，「とても小さい」については，通常 0.05 以下や 0.01 以下とし，その水準を有意水準と呼ぶ．母集団の分散については，通常は既知ではありえないので，未知として平均の検定をする方法が考えられている．これがこのあと説明する t 検定と呼ばれるものである．母集団分布が正規分布であるかどうかについては，実際の問題での取り扱いでは注意が必要な点ではあるが，サンプルサイズが十分にあれば，標本分布が正規分布に近づくことが多いため，実用上は良い場合も少なくない．とはいえ，サンプルサイズとともに常に注意すべき部分である．正規分布と離れている場合には，ノンパラメトリック法などを検討するとよい．

 検定は背理法であることから，帰無仮説 H_0 が棄却された場合には，「H_1 である」という言明は有意水準程度以下でしか間違わないが，帰無仮説 H_0 が棄却されなかった場合には，何も言えないという点に注意をする．

以下では，母集団の平均に関する検定である t 検定，分散に関する

第 11 章　検定

F 検定，特定の確率分布に従っているかを検証する適合度検定，質的
データの変数間の独立性の検定の説明をする．

§11.3　1 群の t 検定

1 群の t 検定は，ある母集団の平均が特定の値 μ_0 であるか否かを調
べる検定である．そのため，仮説は次のようになる：

$$H_0: \ \mu = \mu_0 \tag{11.3}$$

$$H_1: \ \mu \neq \mu_0 \tag{11.4}$$

これを検証するために，まず t 統計量を次の式によって求める：

$$t = \frac{\overline{x} - \mu_0}{s_n / \sqrt{n}}. \tag{11.5}$$

ただし，$\overline{x}$ は標本の平均，n はサンプルサイズであり，s_n は不偏分散
から計算される標準偏差である．そして，**片側検定**として一方向だけ
の偏りを考える場合，さきほどの例でいえば「標本平均が高いほうだ
けしか行かない場合」を考える時は，t と $t_\alpha(n-1)$ を比較して，

- $t > t_\alpha(n-1)$ なら H_0 を棄却して H_1 を採択
- そうでなければ，H_0 が棄却できない

とする．この場合の対立仮説は，$H_i: \mu > \mu_0$ である．**両側検定**の場
合，すなわち，「標本平均が 20 とは言えないくらい大きい方か小さい
方に離れている」と考える場合には，

- $|t| > t_{\frac{\alpha}{2}}(n-1)$ なら H_0 棄却
- そうでなければ，H_0 が棄却できない

とする．

142

§11.3　1群の t 検定

　この t 検定は，結果として次のようなことを行っていることに相当する．まず，母集団の平均が μ_0 である正規分布に従う場合に，サンプルサイズが n の標本から (11.5) によって構成される t 統計量は確率変数であり，これが自由度 $n-1$ の t 分布に従うという事実がある．したがって，(11.5) を計算するということは，標本が平均 μ_0 の正規分布に従う母集団からの実現であると仮定して計算していることに対応する．ここが背理法の仮定になっており，このような仮定のもと，実現があらかじめ起こりうるとしている散らばりの範囲内かそうでないかを判定しているのが，t 統計量と t 分布の分位点との比較の部分である．

　なお，近年では計算機を容易に利用できるため，t 分布の分位点との比較を行うよりも，帰無仮説の下で，標本から得られた t 統計量について，その値を含むそれより極端な値が実現する確率との比較を行う場合の方が多い．この標本から得られた t 統計量より計算される極端な値が実現する確率を p 値と呼び，これがあらかじめ決めた有意水準（例えば 0.05）以下だった場合に，H_0 を棄却することになる．

例　例えば母平均 μ が 60 から大きく外れていた場合を異常とみなすような現象に対して，前章の 10.2.1 の例のようなデータが得られていたとする．このとき，有意水準 0.05 で異常が発生しているかを検定する．

　まず，帰無仮説 H_0 と対立仮説 H_1 については

$$H_0 : \ \mu = 60 \tag{11.6}$$

$$H_1 : \ \mu \neq 60 \tag{11.7}$$

となる．ここで，標本平均と標準偏差はそれぞれ $\overline{x} = 52$, $s_n = 10$ で

143

第 11 章　検定

あるから，t 統計量は，式 (11.5) より

$$t = \frac{52 - 60}{10/\sqrt{10}} = -2.530 \tag{11.8}$$

が得られる．

　今，自由度 9 の t 分布の上側 2.5% 点 $t_{0.025}(9)$ の値は 2.262 である（あるいは，$|t| > 2.530$ なる p 値は 0.032）から，$|t| > t_{0.025}(9)$（あるいは $p < 0.05$）より，帰無仮説 H_0 が棄却される．すなわち，異常が発生していると見込まれる．

§11.4　対応のある 2 群の t 検定

　対応のある 2 群の t 検定では，標本間に対応関係があるような場合に，平均に差があるか否かを検定するものである．例えば，同一の集団に対して，ある講義の前後で同程度のレベルの試験を行い，その前後で成績に差があったか否かを検定することで，講義の効果について検証を行うような場合に対応する．

　対応のある 2 群の t 検定の場合には，標本の平均を計算し，これを $\mu = 0$ を帰無仮説とする 1 標本の t 検定に帰着することで検証する．すなわち，対応のある 2 群を $\{x_{11}, \ldots, x_{1n}\}, \{x_{21}, \ldots, x_{2n}\}$ とし，対応する標本の差 $x_i = x_{2i} - x_{1i}$ について，$\mu = 0$ の t 検定を行えば良いということである．

例　表 11.1 は，ある講習を受ける前後の 12 名のテストの点数を表し，各番号は受講生の番号に対応しているとする（架空例）．ここで，講習前後の効果を平均の変化によって検定することとする．ただし，テスト問題のレベルは前後でほぼ同一であるとし，講習の効果を計測

§11.5 対応のない2群の t 検定

表 11.1 講習前後のテスト結果（架空例）

番号	1	2	3	4	5	6	7	8	9	10	11	12
前	61	60	37	68	34	68	91	70	95	68	56	72
後	65	58	43	76	48	66	97	72	84	76	57	79

することから，後の方が上がっていると仮定する．

この問題の場合，対応のある2群の検定を適用することとなる．今，検定における有意水準を0.05とする．そこで，まず，各番号ごとに講習後から講習前を引いた値を計算する．得られた差の平均と標準偏差は，$\bar{x} = 3.42$, $s_n = 6.43$ となる．これより t 統計量を計算すると，$t = 1.84$ となる．今，仮定より片側検定，すなわち

$$H_0 : \ \mu = 0 \tag{11.9}$$

$$H_1 : \ \mu > 0 \tag{11.10}$$

について考える．ただしここでの μ は講習後から講習前の値を引いたデータの母平均である．今，$t_{0.05}(11) = 1.80$（あるいは $t > 1.84$ なる p 値が 0.0464）であり，$|t| > t_{0.05}(11)$（あるいは $p < 0.05$）なので，帰無仮説は棄却される．よって，有意に増加していることから，講習の効果があったと推察される．

§11.5 対応のない2群の t 検定

対応のない2群の t 検定とは，2つの異なる母集団 A, B からの標本がそれぞれ n_A, n_B 個あった時，母集団の平均に差があるか否かを検証するものである．2つの母集団の分散が等しい場合と異なる場合で計算すべき手順が異なる．また，未知であるか既知であるかでも異な

第11章 検定

るが，多くの場合母分散は未知であるため，本書では未知の場合のみ
説明する．

11.5.1 母集団の分散が等しい場合

母集団の分散が等しいことが分かっている場合に，集団間で平均が
異なっているかを検証する検定は，ステューデントの t 検定と呼ばれ
る．今，それぞれの標本から得られる不偏分散を s_A^2, s_B^2 としたとき，
これから合成した分散を，

$$s_{A,B}^2 = \frac{(n_A - 1)s_A^2 + (n_B - 1)s_B^2}{n_A + n_B - 2} \tag{11.11}$$

として得る．さらに，これから t 統計量を，

$$t = \frac{\mu_A - \mu_B}{\sqrt{s_{A,B}^2 \left(\frac{1}{n_A} + \frac{1}{n_B}\right)}} \tag{11.12}$$

として与える．ただし，μ_A, μ_B は A, B の標本平均である．この t 統計
量を，自由度 $n_A + n_B - 2$ の t 分布と比較し，$t > t_\alpha(n_A + n_B - 2)$(片
側検定の場合) であれば H_0 を棄却する．両側検定の場合は，$|t| >
t_{\frac{\alpha}{2}}(n_A + n_B - 2)$ の比較となる．

11.5.2 母集団の分散が等しくない場合

母集団の分散が等しくない場合に，平均に差があるか否かを検証す
る検定は，ウェルチの t 検定と呼ばれる．まず，t 統計量を，

$$t = \frac{\mu_A - \mu_B}{\sqrt{\left(\frac{s_A^2}{n_A} + \frac{s_B^2}{n_B}\right)}} \tag{11.13}$$

として与える．ただし，μ_A, μ_B は A, B の標本平均である．また，比
較する t 分布の自由度は，

146

§11.5 対応のない2群のt検定

$$\nu = \frac{(\frac{s_A^2}{n_A} + \frac{s_B^2}{n_B})^2}{(\frac{s_A^4}{n_A^2(n_A-1)} + \frac{s_B^2}{n_B^2(n_B-1)})} \tag{11.14}$$

として与えられる．このt統計量を，自由度νのt分布と比較し，$t > t_\alpha(\nu)$(片側検定の場合) であればH_0を棄却する．両側検定の場合は，$|t| > t_{\frac{\alpha}{2}}(\nu)$ の比較となる．

なお，母分散が等しいか否かを分からない場合には，従来の教科書等では，次項で説明する等分散性の検定であるF検定を実施してどちらを適用するかを決めてから検証すべきということが言われて来たが，近年では，母集団の分散が等しくない場合のt検定を直接適用するのが望ましいとも言われている．これは，F検定を実施してからt検定を行うのは，検定を繰り返し行うことによる多重性の問題がある一方，ウェルチの方法は，サンプルサイズや非正規性の影響を受けにくいということが知られていることによる．

例 表11.2は，グループ A と B の2つの異なる職業グループに対して，ある能力を調べるための同一のテストを受検してもらった結果（架空例）である．両グループ間で平均値に差があるかどうかを検証したい．

今，ウェルチの方法によるt検定を適用する．すると，$t = -2.129$，自由度が17.9から，$t_{0.025}(17.9) = 2.101$ （あるいは$|t| > 2.129$なるp値が0.0474）となり，$|t| > t_{0.025}(17.9)$ （あるいは$p < 0.05$）より帰無

表**11.2** 2グループのテスト結果（架空例）

No.	1	2	3	4	5	6	7	8	9	10
A	56	52	52	61	58	59	44	59	58	61
B	67	52	62	56	59	60	67	67	59	60

第 11 章 検定

仮説は棄却される．よって，両グループに差があったと見込まれる．

§11.6　F 検定

F 検定は，2 群間の等分散性を検証する検定[2] である．2 群間の等分散性を検証する F 検定では，2 群 A, B の分散をそれぞれ σ_A^2, σ_B^2 としたとき，帰無仮説は

$$H_0: \ \sigma_A^2 = \sigma_B^2 \tag{11.15}$$

$$H_1: \ \sigma_A^2 \neq \sigma_B^2 \tag{11.16}$$

となる．

ここで，前項と同様に A, B からの標本サイズがそれぞれ n_A, n_B であったとする．また，各々の不偏分散が s_A^2, s_B^2 であるとする．このとき，F 統計量

$$F = \frac{s_A^2}{s_B^2} \tag{11.17}$$

を計算する．次いで，自由度 $(n_A - 1, n_B - 1)$ の F 分布の上位 α 点を $F_\alpha(n_A - 1, n_B - 1)$ としたとき，

- $F > F_\alpha(n_A - 1, n_B - 1)$ なら H_0 を棄却して H_1 を採択
- そうでなければ，H_0 が棄却できない

として検定を行う．

F 検定では，母集団分布が正規分布に従うことが期待されている．

---

[2] 正確には，検定統計量が F 分布に従う場合の検定を F 検定といい，複数の群の全ての平均が等しいか否かを検証する分散分析で用いられる検定も F 検定である．

§11.7 適合度検定

適合度検定とは，得られた標本が，想定する確率分布に従った標本であるかどうかを検証する検定である．今，全部で K 個の階級やカテゴリがあり，そのうちの i 番目に属する標本の度数を O_i とする．またカテゴリ i に属する確率を p_i とし，帰無仮説 H_0 の想定確率 $\hat{p}_i$ と等しい，すなわち，下では，$p_i = \hat{p}_i$ であるとする．また，全標本数を N とする．このとき，各階級・カテゴリの期待標本数 E_i は，

$$E_i = N\hat{p}_i \tag{11.18}$$

である．ここで，カイ二乗統計量 χ^2 を，

$$\chi^2 = \sum_{i=1}^{K} \frac{(O_i - E_i)^2}{E_i} \tag{11.19}$$

によって定義する．すると，全てのカテゴリにおいて期待度数が十分大きいときには，この統計量は自由度 $K-1$ のカイ二乗分布に従うため，これを検定統計量として用いることができる．具体的には，自由度 $(K-1)$ のカイ二乗分布の上位 α 点 $\chi^2_\alpha(K-1)$ と比較し，これよりもカイ二乗統計量 χ^2 が大きい場合に，有意水準 α で帰無仮説 H_0 が棄却される．

一般に，カイ二乗分布に従う統計量に関する検定をカイ二乗検定と呼ぶ．したがって，このカイ二乗統計量を使用する適合度検定も，カイ二乗検定の一つ[3] である．

例　サイコロを 90 回振った結果，1 から 6 の目が，各々

---

[3] これ以外にも，カイ二乗統計量を用いない適合度検定として，二項検定・多項検定といった正確確率検定がある．

第11章　検定

$$22, 12, 14, 18, 15, 9$$

回出たという．このサイコロは，偏りのあるサイコロであるといえる
かどうかという問題を考えてみる．有意水準は 5% とする．

　ここでは，どの目の出る確率も 1/6 であるというのを帰無仮説とす
る．すなわち $\hat{p}_i = \frac{1}{6}$ である．すると，期待度数は，

$$90 \times \frac{1}{6} = 15$$

である．したがって，各目の出た回数を O_i とすると，

$$\chi^2 = \sum_{i=1}^{6} \frac{(O_i - 15)^2}{15} = 6.93 \tag{11.20}$$

となる．自由度 5 のカイ二乗分布の上位 5% 点は，$\chi^2_{0.05}(5) = 11.07$ な
ので，帰無仮説は棄却されない．すなわち，偏りのあるサイコロであ
るとはいえない[4]．

§11.8　質的データ分析における分割表の独立性の検定

　分割表の独立性の検定は，分割表の項目間で独立か否かを検証する
検定である．1.8 節に示した表 1.3 の例を考える．ここで，大学生・社
会人の間での属性の違いと回答のはい・いいえの間に関係があるか，
独立であるかを検証するものである．独立であれば，同時確率がそれ
ぞれの確率の積となるはずであることから求められる．以下では，2
つの質的変数 X, Y があり，それぞれ n カテゴリ，m カテゴリある場

---

[4]「偏りがない」という結論にはならないことに注意する．すなわち，「帰無仮説の下
　での偶然のばらつきの範囲にある」が，そのこと自体が必ずしも偏りを持たないこ
　とを意味しないためである．

150

§11.8 質的データ分析における分割表の独立性の検定

合の独立性の検定について説明する．すなわち，分割表で表現した場合には，$n \times m$ 分割表となる場合を考える．

今，X については各カテゴリに 1 から n まで，Y については 1 から m まで付番をしておき，i 番目のカテゴリのときを $X = i$ と表すことにする．また，$X = i, Y = j$ というカテゴリの頻度を $O_{i,j}$ と表現することとする．また，質的変数 X のカテゴリごとの頻度を $O_{i,\cdot}$，Y のカテゴリごとの頻度を $O_{\cdot,j}$，全体の頻度すなわちサンプルサイズを N と表すことにする．すなわち，

$$O_{i,\cdot} = \sum_{j=1}^{m} O_{i,j}$$

$$O_{\cdot,j} = \sum_{i=1}^{n} O_{i,j}$$

$$N = \sum_{i=1}^{n} \sum_{j=1}^{m} O_{i,j}$$

である．

ここで，独立な場合の理論頻度 $E_{i,j}$ は，

$$E_{i,j} = N \times \frac{O_{i,\cdot}}{N} \times \frac{O_{\cdot,j}}{N} \tag{11.21}$$

となる．この量から，カイ二乗統計量 χ^2 を，

$$\chi^2 = \sum_{i=1}^{n} \sum_{j=1}^{m} \frac{(O_{i,j} - E_{i,j})^2}{E_{i,j}} \tag{11.22}$$

で与える．すると，X と Y が独立であるという帰無仮説 H_0 のもとでは，統計量 χ^2 は近似的に自由度 $(n-1)(m-1)$ の χ^2 分布に従うことから，これを用いて χ^2 検定を行えば，独立性の検定ができる．すなわち，統計量 χ^2 と自由度 $(n-1)(m-1)$ のカイ二乗分布の上位 α 点 $\chi_\alpha^2((n-1)(m-1))$ とを比較し，カイ二乗統計量 χ^2 の方が大きい

第 11 章　検定

場合には，独立であるという帰無仮説が棄却されて，両者は独立でない，すなわち，「関係がある」ということが言える．

例　表 1.3 の例を考える．この χ^2 統計量を計算すると，$\chi^2 = 2.263$ となり，自由度は 1 であるため，$\chi^2 < \chi^2_{0.05}(1)$（統計量 χ^2 から与えられる p 値としては 0.133）となることから，有意水準 0.05 で帰無仮説は棄却されない．従って，独立であるかないかわからない．すなわち，関係があるかもしれないし無いかもしれないという結論になる．

§11.9　検定の多重性について

　仮説検定は，あらかじめ有意水準を決めて，その範囲では「間違えることもある」ことを前提とした手法である．すなわち，「今あるデータは，立てた帰無仮説の下での今ある偏りとそれ以上の偏りの確率が，あらかじめ決めた水準以下くらいの起こりにくい状況である」ということを示したに過ぎない．そのため，検定を繰り返し適用する場合には，仮説や状況によっては容易に誤りを生じることがあるので，気を付ける必要がある．このような問題を検定の多重性と呼ぶ．

　例えば 5 つのグループの各々から得られた 10 個の量的データのセットがあり，そのうち任意の 2 つのセットを取った 10 個のペアの各々について t 検定を行って p 値を求め，その中から 0.05 を下回ったものを見つけ出したとする．この得られた結果より，当該ペアの間には有意水準 0.05 で差がある，と結論づけるのは誤った適用である．

　これは，10 個のペアについてそれぞれ 0.05 の確率で誤ることから，全く同じ母集団からのサンプルであっても，全ての組み合わせの中で 1 回以上有意水準 0.05 を下回る確率は，

§11.9 検定の多重性について

$$1 - 0.95^{10} = 0.401 \tag{11.23}$$

となる．実際に，このような設定で同一の正規分布から発生した4グループの10ペアのt検定を行い，そのなかでいずれか一つでもp値が0.05を下回ったものをがあったらカウントする，ということを100回繰り返し行うシミュレーションをすると，およそ40回カウントされる．

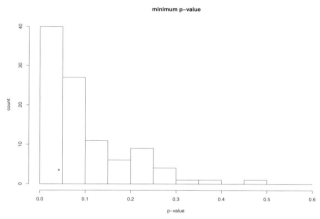

図 11.1 10ペアのt検定を100回繰り返した時の各回における最小p値ヒストグラム．0.05を下回っているのが40回あることがわかる．

このような問題は，検定の誤用としてよくあるものであり，例えば有意差がでないから，比較する群を増やして差を見つけようとするというアプローチは，まさにこの問題の影響を受ける．このようなことを避けるには，まずは検定対象となるグループを確定させること，さらに上記のような比較が必要な場合には，多重比較の方法を用いることになる．具体的な仮説の設定も含めた多重比較の問題については他書にゆずる．

第12章　回帰モデル

　本書では，ある変量を別の変量で説明する関数を与える回帰分析と，それに
関係するモデル選択について説明する．

§12.1　回帰分析とは

　回帰分析とは，2変量（2次元）以上のデータにおいて，ある注目し
ている変量のデータを，他の変量データから説明するために行う分析
のことを指す．その中で一番単純なものが，**単回帰分析**と呼ばれるも
のである．単回帰分析では，ある注目している変数が他の変数から直
線の関係で決まるとし，その時の傾きと切片を求める．一方，**重回帰
分析**では，複数の変数から注目している1つの変数にどのような数式
的な関係になっているかを与えるもので，超平面の式を求めることに
なる．他に，直線以外の関係を求める**非線形回帰分析**や，注目してい
る変数が2値（有無や0-1に対応）となる**ロジスティック回帰**，少
数離散値の場合の**ポアソン回帰**などがあるが，すべて線形の場合の単
回帰・重回帰分析が基本となること，またこれらの発展的な手法は本
書のスコープを超えることから，単回帰分析，重回帰分析ならびに非
線形回帰分析に絞って説明する．

§12.2　単回帰分析

　図12.1は，ブラックチェリーの胴回り (Girth)，樹高 (Height)，およ

155

び体積 (Volume) の記録データの散布図[1]である．ここでは，図 12.2 のように，特に胴回りと体積について見てみることとする[2]．i 番目の個体の胴回りを x_i 体積を y_i とする．図からわかるように，両者の間には強い相関を見ることができる．

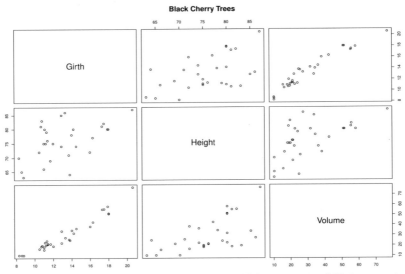

図 12.1 ブラックチェリーの胴回り (Girth)，樹高 (Height)，体積 (Volume) 記録

さらに，胴回り x から体積 y への因果的な関係が仮にあるとして，

$$y = ax + b \tag{12.1}$$

なる直線で，その関係を表現することを考える．このとき，

---
[1] R では，data(trees) として利用することができるデータである．
[2] なおこのデータは，両対数変換をとったほうがより良いとみることができるが，説明の都合上そのまま取り扱うこととする．

§12.2 単回帰分析

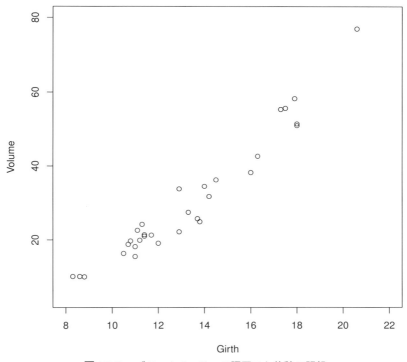

図 **12.2** ブラックチェリーの胴回りと体積の記録

$$\min_{a,b} \sum_{i=1}^{N} (y_i - (ax_i + b))^2 \tag{12.2}$$

なる (a,b) を求めることになる．これは，最小を実現する (a,b) を $(\hat{a}, \hat{b})$ とすると，a と b のそれぞれの偏微分が 0 となる条件を解くことで，

$$\hat{a} = \frac{\sum_{i=1}^{N}(y_i - \overline{y})(x_i - \overline{x})}{\sum_{i=1}^{N}(x_i - \overline{x})^2} \tag{12.3}$$

157

第12章 回帰モデル

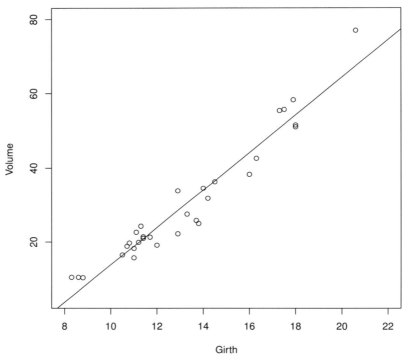

図 12.3　図 12.2 に回帰直線を書き入れた図

$$\hat{b} = \overline{y} - \hat{a}\overline{x} \qquad (12.4)$$

が得られる．ただし，$\overline{x}, \overline{y}$ はそれぞれ，x, y の平均を表す．図 12.2 のデータの場合，$\hat{a} = 0.4636, \hat{b} = 45.10$ となり，このようにして求めた直線を引くと，図 12.3 のようになる．

　回帰分析においては，x を説明変数（独立変数，予測変数），y を応答変数（従属変数，目的変数，被説明変数）と呼ぶ．なお，このようにして得られる回帰直線の式の当てはまりのよさが，因果関係の存在

§12.3 重回帰分析

を意味するものではないことに注意する．求められた α, β は，あくまで，x から y への因果的関係を仮定した場合に，どれくらいの寄与があるかを表す量である．

§12.3 重回帰分析

まず，データセット $\{(x_{i1}, x_{i2}, \ldots, x_{id}, y_i) | i = 1, \ldots, N\}$ があるとする（$N > d$）．すると，重回帰分析は

$$\min_{(a_0, a_1, \ldots, a_d)} \sum_{i=1}^{N} (y_i - (a_0 + \sum_{j=1}^{d} a_j x_{ij}))^2 \tag{12.5}$$

なる $(a_0, a_1, \ldots, a_d)$ を求める問題となる．このときの各 a_j を偏回帰係数と呼ぶ．

ここで，$(1, x_{i1}, x_{i2}, \ldots, x_{id})^T$ を $\boldsymbol{x}_i \in \mathbb{R}^{d+1}$ と表すことにする（$\cdot^T$ は転置を表す）．また，$(a_0, a_1, \ldots, a_d)^T$ を $\boldsymbol{a} \in \mathbb{R}^{d+1}$ とする．すると，式 (12.5) は

$$\min_{\boldsymbol{a}} \sum_{i=1}^{N} (y_i - \boldsymbol{x}_i^T \boldsymbol{a})^2 \tag{12.6}$$

となる．より直観的には，

$$\boldsymbol{x}_i^T \boldsymbol{a} \approx y_i \tag{12.7}$$

ということを考えていることになる（完全に超平面上にすべての点が来る場合には近似ではなく等しくなる）．

そこでさらに，

第 12 章　回帰モデル

$$X = \begin{pmatrix} \boldsymbol{x}_1^T \\ \boldsymbol{x}_2^T \\ \vdots \\ \boldsymbol{x}_N^T \end{pmatrix}, e \qquad \boldsymbol{y} = \begin{pmatrix} y_1 \\ y_2 \\ \vdots \\ y_N \end{pmatrix} \tag{12.8}$$

と定義すると，

$$X\boldsymbol{a} \approx \boldsymbol{y} \tag{12.9}$$

を考えていることになる．ここで，最適な $\boldsymbol{a}$ である $\hat{\boldsymbol{a}}$ は，一般化逆行列の考え方を用いて，$N > d$ のとき，$(X^T X)^{-1} X^T$ を左から掛けることによって得られることになり，

$$\hat{\boldsymbol{a}} = (X^T X)^{-1} X^T \boldsymbol{y} \tag{12.10}$$

として得られることになる．

§12.4　決定係数

決定係数とは，回帰分析における当てはまりの良さを表す指標であり，R^2 と書かれる．その定義は

$$R^2 = \frac{\sum_i (\hat{y}_i - \overline{\hat{y}})^2}{\sum_i (y_i - \overline{y})^2} \tag{12.11}$$

で与えられる．ただし，$\hat{y}$ と $\overline{\hat{y}}$ は推定された回帰係数を用いて与えられる y の予測値とその平均であり，単回帰分析の場合，

$$\hat{y}_i = \hat{a} x_i + \hat{b}$$
$$\overline{\hat{y}} = \overline{y}$$

で与えられる．重回帰分析の場合でも，同様に与えることができる．

§12.5 質的データとダミー変数

　決定係数は，y の予測値の分散と実データの分散の比の式になって
いる．すなわち，実データの変動のうち，回帰分析の式（単回帰分析
の場合には直線の式）で得られる y の変動で説明できる分がどれだけ
あるかの割合を表している．したがって，実データが完全に直線上に
乗る場合には決定係数は 1 になる．また

$$\hat{\varepsilon}_i = \hat{y}_i - \hat{a}x_i + \hat{b} \tag{12.12}$$

という残差 ε_i^2 を考えたときには，

$$R^2 = 1 - \frac{\sum_i \varepsilon_i^2}{\sum_i (y_i - \overline{y})^2} \tag{12.13}$$

というように，残差変動で説明される割合を全体から引いたものでも
ある．

　決定係数は，R^2 と書くことからわかるように，相関係数の 2 乗と
なっている．従って，説明変数と応答変数を入れ替えても，この値は
変わらない．

§12.5　質的データとダミー変数

　回帰分析における説明変数が量的データの場合については，単回帰
にせよ重回帰にせよ，単純に適用すればよいことが分かる．しかし，
説明変数の側に質的データを置きたい場合には困ることになる．例え
ば，あるアンケートデータにおいて，回答が「はい」と「いいえ」の
2 カテゴリに分かれる場合や，複数の項目から 1 つ選ぶといった場合
に，回帰分析をしたいということがある．このようなとき，ダミー変
数という仕組みを使う．ダミー変数では，質的変数に含まれる各水準
について，当該の水準であるときには 1 を，そうでない場合には 0 と

161

第 12 章　回帰モデル

するものである．例えば，「はい」と「いいえ」の場合，「はい」であるかそうでないかを表すダミー変数 x_{ij} について，

$$
x_{ij} = \begin{cases} 1 & （はい） \\ 0 & （それ以外（＝いいえ）） \end{cases} \tag{12.14}
$$

とする．3 つ以上の水準がある場合には，水準それぞれについて 0 か 1 のダミー変数を設定する．

　説明変数にダミー変数を使用して回帰分析を行った場合，当該変数に対応する偏回帰係数は，当該水準の有無による応答変数の変化量に対応する．

12.5.1　非線形回帰分析

　ここまでの回帰分析では，説明変数と応答変数の間には線形の関係を想定していた．しかし，対象によっては，多項式による関係

$$
y = \sum_{k=1}^{p} a_k x^k + a_0 \tag{12.15}
$$

を考える方が自然な場合がある．この場合には，説明変数の k 乗を重回帰分析における新たな説明変数とみなし，線形の重回帰分析を行うことで，a_k を与えることができる．

　一般には，パラメータ θ を持つ関数 $f(x; \theta)$ を用いて

$$
y = f(x; \theta) \tag{12.16}
$$

という関係を考え，できるだけ y の誤差の小さい θ を与えることになる．この場合，あらかじめ与える $f(x; \theta)$ によっては，解析的にパラメータ θ を決めることが出来ない場合がある．その場合には，数値的最適化による方法によって決定することになる．

162

§12.5 質的データとダミー変数

表 **12.1** 線形と 2 次関数の場合の回帰係数

	a	b	決定係数
線形	-17.6	3.93	0.651
2次関数	8.86	0.129	0.666

図 12.4 は，1920 年代に記録された自動車の走行スピードと停止までの距離のデータ[3]と，このデータに対して線形回帰（破線）と 2 次関数の非線形回帰（実線）を行った結果をプロットしたものである．ただし，非線形回帰の式は，

$$y = ax^2 + b \tag{12.17}$$

というように，1 次の項は含まないようにしている．表 12.1 は，得ら

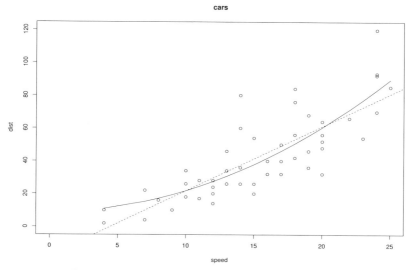

図 **12.4** cars データに対する直線と二次関数の回帰例

---

[3] R では cars データとして含まれており使用できる．

れた回帰係数の値を示している．

§12.6 モデル選択

　非線形回帰の問題において，最大次数 p をいくつにすればよいのか，あるいはどの次数の項を用いるべきかということを考えてみる．これは，説明に用いる項数を多くするほど，回帰の際の誤差 ε_i を小さくすることができるため，p を大きくすれば良いように思うが，実際は項数が多すぎると，今あるデータに合いすぎるという問題が生じる．図 12.5 は，$x_i = 0.1i\ (i = 1, \ldots, 20)$ に対して，2次関数

$$y_i = x_i^2 + x_i + \varepsilon_i, \quad \varepsilon_i \sim N(0, 0.5^2) \tag{12.18}$$

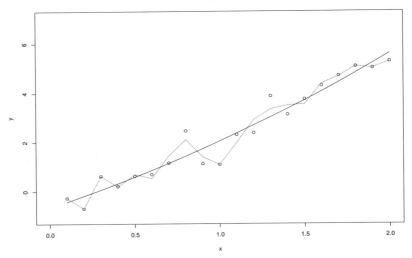

図 12.5 cars シミュレーションデータに対する 2 次関数（実線）と 17 次関数（点線）の回帰例

§12.6 モデル選択

としてシミュレーションしたデータと，その2次関数ならびに17次関数の回帰の例である．図からわかる通り，17次関数の方はほとんど全ての点を通ろうとして不自然な形になっていることが見て取れる．しかし，誤差は17次関数の方が小さくなっているため，誤差では2次関数よりも17次関数の方が良いということになってしまう．

このような，どの次数まで，あるいはどの項を用いるべきかという問題が，モデル選択の問題である．モデル選択のための定量化の方法には，目的やモデルによってさまざまなものがあるが，代表的なものとして，赤池情報量規準 (Akaike Information Criterion, AIC) というものがある．AIC は，おおまかに言えば，「新たなデータが入ってきたとした場合，現在のモデルでどの程度良いかを計る指標」である．上記の非線形回帰分析の場合には，データ数を N，次数を p として，

$$AIC = -2l + 2(p + 2),$$

$$l = -\frac{N}{2}\left(\log\left(\frac{\sum_i(\hat{y}_i - y_i)^2}{N}\right) + \log(2\pi) + 1\right)$$

で与えられ，モデル間でこの値を相対比較して小さいものを選ぶということになる．図 12.5 のデータの場合，2次関数の AIC は 33.41，17次関数の AIC は 37.98 であるので，2次関数のモデルの方が良いということになる．

なお，式の導出や他の場合の式については，情報量規準に関する書籍を参考にされたい．

第13章　多変量解析

　本章では，変量が複数ある場合の解析手法について，その代表的な手法を中心に概観する．より詳細な内容については，多変量解析に関する書籍を参考にされたい．

§13.1　主成分分析

13.1.1　多次元データの散布図と射影

　2次元データの可視化において，散布図を導入した．これは，2次元データの各データを2次元上の点に対応づけて，これを図化する方法であった．

　多次元データについても，そのうちの任意の2次元について，散布図を描くことが可能である．すなわち，d次元のデータ $\boldsymbol{x}_n = (x_1^{(n)}, \ldots, x_d^{(n)})^T$ について，このうちの k, l 次元目の要素のみを取り出した，$\boldsymbol{x}_{k,l}^{(n)} = (x_k^{(n)}, x_l^{(n)})^T$ について，その散布図を描くことが可能である．これは，d次元のデータ点を $x_k - x_l$ 平面に射影して，散布図としたものに相当する．この射影行列 P_{kl} は d 行 d 列の行列で，

$$P_{kl} = \begin{cases} 1 & ((k, k) \text{成分ならびに} (l, l) \text{成分}) \\ 0 & (\text{それ以外}) \end{cases} \tag{13.1}$$

なる行列である．このように，多次元のデータから2次元の散布図を作成するということは，射影を構成するということであることがわかる．

第13章　多変量解析

　今，特定の2軸から張られる平面への射影としたが，任意の2次元平面への射影が可能である．さらに一般化すると，射影先も2次元平面ではなく任意の次数の超平面で良いということになる．このように一般化した場合，データを見るのにどのような射影を用いるのが都合がよいのか，ということを考えてみる．

　そこで，まず，1次元の軸への射影を考えてみる．データは，どの成分についても平均が0となるように調整されているとする[1]．データ点xをある原点を通る軸に直交射影した場合，その軸の表す方向ベクトルをvとすると，

$$x = P_v x + P_{v\perp} x \qquad (13.2)$$

と分解できる．ここで，第一項はデータをy方向の軸に射影した成分を表す．この成分ができるだけ大きくなるように軸をきめてやれば，射影した成分が「より多く」情報を持っていることになる．

13.1.2　主成分分析

　前項の内容より，データ点の集合$\{x_n\}_{n=1}^{N}$に対して，

$$\max_{\|v_1\|=1} \sum_{n=1}^{N} \|P_{v_1} x_n\|^2 \qquad (13.3)$$

なるv_1を探すことは，データの情報をできるだけ多く残すような射影軸を探すことに対応する．さらに，今は1軸について考えたが，2軸目以降についても，第1軸と直交する成分について考えることができて，任意の$k\,(2 \leq k \leq d-1)$番目の軸について，

---

[1] これは，平均を各データから引けばよいので常に可能であり，データの重心は原点となる．

$$\max_{\|\boldsymbol{v}_k\|=1} \sum_{n=1}^{N} \|P_{\boldsymbol{v}_k} \boldsymbol{x}_n\|^2 \tag{13.4}$$

$$s.t. \quad \boldsymbol{v}_1, \ldots, \boldsymbol{v}_{k-1} \perp \boldsymbol{v}_k \tag{13.5}$$

と順に決めていくことができる．このようにして，データの情報をできるだけ多く残すようにしながら，データより低い次元の超平面を構成する軸を探していく分析が主成分分析である．主成分分析において，$\boldsymbol{v}_k$ を第 k 主成分方向または単に第 k 主成分と呼び，射影した結果得られる，$P_{\boldsymbol{v}_k} \boldsymbol{x}_n$ を第 k 主成分得点と呼ぶ．

13.1.3 主成分分析と分散共分散行列の固有値

主成分分析で得られる第 k 主成分方向 $\boldsymbol{v}_k$ は，次で定義する分散共分散行列の固有ベクトルとなり，かつ，その順番は固有値が大きいものから与えられる．すなわち，分散共分散行列の固有値分解を得れば，主成分方向が得られるということになる．以下では，このことを示す．

まず，分散共分散行列と平均ベクトルについて定義しておく．

定義 13-1

N 個の d 次元データ $\{\boldsymbol{x}_n\}_{n=1}^{N}$ の分散共分散行列とは，行列の対角 (i,i) 成分が $x_i^{(n)}$ の分散，行列の (i,j) 成分が $(x_i^{(n)}, x_j^{(n)})$ の共分散で与えられる行列のことである．

定義 13-2

N 個の d 次元データ $\{\boldsymbol{x}_n\}_{n=1}^{N}$ の平均ベクトル $\overline{\boldsymbol{x}}$ とは，各成分ごとに平均をとったベクトルのことである．

169

第13章　多変量解析

　以下，主成分方向を分散共分散行列の固有値分解で得られることを示していく．ただし，分散共分散行列は多重固有値がないものとする．また，一般性を失わずにデータ点の平均ベクトルが $\boldsymbol{0}$ であるとする．これは，あらかじめ平均ベクトルを引いておけばよい．

　まず，分散共分散行列 V は，その定義から次のように表すことができる：

$$V = \frac{1}{N-1} \sum_{n=1}^{N} \boldsymbol{x}_n \boldsymbol{x}_n^T. \tag{13.6}$$

この行列は，通常半正定値対称行列であるので，その固有値分解が存在して，

$$V = U \Lambda U^T \tag{13.7}$$

と書くことができる．ただし，

$$U = (\boldsymbol{u}_1, \boldsymbol{u}_2, \ldots, \boldsymbol{u}_d), \tag{13.8}$$

$$\Lambda = \begin{pmatrix} \lambda_1 & & & \\ & \lambda_2 & & \\ & & \ddots & \\ & & & \lambda_d \end{pmatrix} \tag{13.9}$$

で，λ_i が固有値，$\boldsymbol{u}_i$ がそれに対応する固有ベクトルであり，U は直交行列である．

　今，任意の $\|\boldsymbol{v}_1\| = 1$ なる $\boldsymbol{v}_1$ について，射影は内積で与えることができるので，

$$\|P_{\boldsymbol{v}_1} \boldsymbol{x}\| = |\boldsymbol{v}_1^T \boldsymbol{x}| \tag{13.10}$$

であり，各 $\boldsymbol{x}_n$ について

$$\|P_{\boldsymbol{v}_1} \boldsymbol{x}_n\|^2 = (\boldsymbol{v}_1^T \boldsymbol{x}_n)(\boldsymbol{v}_1^T \boldsymbol{x}_n)$$

170

$$= (\boldsymbol{v}_1{}^T \boldsymbol{x}_n)(\boldsymbol{v}_1{}^T \boldsymbol{x}_n)^T$$

$$= \boldsymbol{v}_1{}^T \boldsymbol{x}_n \boldsymbol{x}_n^T \boldsymbol{v}_1$$

となる．したがって，

$$\max_{\|\boldsymbol{v}_1\|=1} \sum_{n=1}^{N} \|P_{\boldsymbol{v}_1} \boldsymbol{x}_n\|^2$$

$$= \max_{\|\boldsymbol{v}_1\|=1} \boldsymbol{v}_1{}^T (\sum_{n=1}^{N} \boldsymbol{x}_n \boldsymbol{x}_n^T) \boldsymbol{v}_1$$

$$= \max_{\|\boldsymbol{v}_1\|=1} (N-1)\boldsymbol{v}_1{}^T V \boldsymbol{v}_1$$

となる．すなわち，上記の二次形式 $\boldsymbol{v}_1{}^T V \boldsymbol{v}_1$ が最大となる単位ベクトル $\boldsymbol{v}_1$ を求める制約付き最大化問題に帰着されることがわかる．

そこで，ラグランジュの未定乗数法により，未定乗数を λ とし，

$$S = \boldsymbol{v}_1{}^T V \boldsymbol{v}_1 - \lambda \|\boldsymbol{v}_1\|^2 \tag{13.11}$$

とおく．また，$\boldsymbol{v}_1 = (v_1, \ldots, v_d)^T$ とする．このとき，

$$\frac{\partial S}{\partial v_1} = 0,$$

$$\frac{\partial S}{\partial v_2} = 0,$$

$$\cdots$$

$$\frac{\partial S}{\partial v_d} = 0,$$

$$\frac{\partial S}{\partial \lambda} = 0$$

を満たす $\boldsymbol{v}_1$ を求めることになる．これは，最後の式以外の式から，

$$V\boldsymbol{v}_1 = \lambda \boldsymbol{v}_1$$

第13章　多変量解析

が得られ，さらに最後の式から，

$$\|\boldsymbol{v}_1\|^2 = 1$$

が得られる．したがって，長さ1のVの固有ベクトルを求めることに帰着される．これを満たすベクトル，すなわち固有ベクトルは，全部でd本あるが，目的関数値は，Vの固有ベクトル$\boldsymbol{u}_i$に対して，

$$(N-1)\boldsymbol{u}_i^T V \boldsymbol{u}_i = (N-1)\lambda_i$$

で与えられることから，固有ベクトルの中で目的関数を最大とするのは，最大固有値λ_1に対応する固有ベクトル$\boldsymbol{u}_1$であることがわかる．

　第2主成分については，第1主成分方向と直交するものの中で最大のものであるが，まずラグランジュの未定乗数法の部分は第1主成分の場合と同様の定式化になることから，d本の固有ベクトルの中で，$\boldsymbol{u}_1$に直交する最大のものを見つければよい．しかし，今どの固有ベクトルの組も直交していることから，固有値λ_2に対応する固有ベクトル$\boldsymbol{u}_2$が第2主成分方向である．以下同様にして第3主成分以降も示すことができる．以上で示された．

13.1.4　主成分分析適用例と注意点

　図13.1は，第1章にて示した4次元アヤメデータについて，これを第1主成分・第2主成分方向で張られる平面に射影した結果を表したものである．確かに，できるだけばらつくように，データの分布の状況がわかるようにプロットされていることがわかる．また，このデータの場合には，第1主成分の軸によって，3種類の品種の違いがある程度うまく説明できていることがわかる．

　主成分分析において注意することとして，

172

§13.1 主成分分析

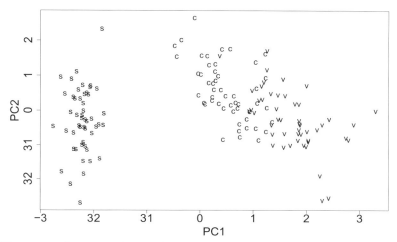

図 13.1　4 次元アヤメデータの主成分分析を用いた散布図. "s", "c", "v" はそれぞれ setosa, versicolor, virginica である.

- 平均ベクトルを 0 にすること
- 必要に応じて変量毎の規格化を行い，変量間の分散を揃えること

が挙げられる．平均を 0 にしないと，第 1 主成分は平均方向を表すベクトルが選ばれることになるが，そもそも主成分分析は，データのばらつきに対応する軸を選択するのに用いるものであることから，これは，目的とは違う量を導出していることになる．

また，変量間の分散に大きな差異がある場合には，分散が大きい変量の軸に近い軸が主成分軸として選ばれることになる．これは，主成分分析の軸の選び方から明らかである．図 13.2 は，次に示したアメリカ合衆国 50 州の犯罪率データ（抜粋, Assault で並び替え）について，分散を調整しない場合と，全ての成分について分散を 1 にした（規格化した）場合の第 1・第 2 主成分方向で張られる軸に射影した図である．規格化しない場合には Assault の値が大きい North Carolina や

第 13 章 多変量解析

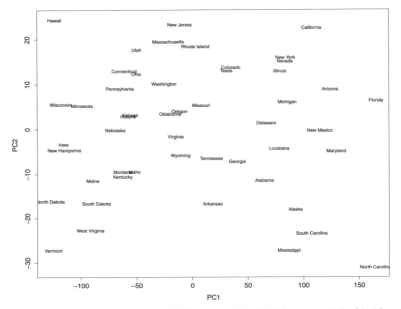

図 13.2 主成分分析において，規格化しない場合（左図）とした場合（右図）の結果．データはアメリカ合衆国 50 州の犯罪率データであり，規格化しない場合には Assault の値が大きい North Carolina や Florida が第 1 主成分方向 (PC1) の右端に，値が小さい North Dakota や Hawaii が左端にきており，第 1 主成分方向はほぼ Assault のみで決まっていることがわかる．

Florida が第 1 主成分方向 (PC1) の右端に，値が小さい North Dakota や Hawaii が左端にきており，第 1 主成分方向はほぼ Assault のみで決まっていることがわかる．他の犯罪の場合も考慮に入れた州間の近さを考える場合には，Assault の分散が大きいままでは都合が悪いことがわかる．

§13.1 主成分分析

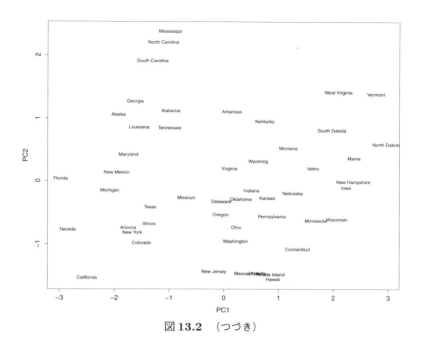

図 13.2 (つづき)

	Murder	Assault	UrbanPop	Rape
North Dakota	0.8	45	44	7.3
Hawaii	5.3	46	83	20.2
Vermont	2.2	48	32	11.2
...				
Arizona	8.1	294	80	31.0
Maryland	11.3	300	67	27.8
Florida	15.4	335	80	31.9
North Carolina	13.0	337	45	16.1

第13章　多変量解析

13.1.5　特異値分解と主成分分析

実数行列 A が d 行 N 列でランク r を持つとき,

$$A = U\Delta V^T, \tag{13.12}$$

なる分解が存在する. ただし,

$$\Delta = \begin{pmatrix} \Delta_r & O \\ O & O \end{pmatrix} \tag{13.13}$$

で, $\Delta_r = \begin{pmatrix} \mu_1 & & & 0 \\ & \mu_2 & & \\ & & \ddots & \\ 0 & & & \mu_r \end{pmatrix}$ なる対角行列, $\lambda_j = \mu_j^2 \ (j = 1, \cdots, r)$ は

行列 $A^T A$ の非零固有値で最大のものから並べたもの, U はその j 列目が固有値 λ_j に対応する AA^T の長さ 1 の固有ベクトル, V はその j 列目が固有値 λ_j に対応する $A^T A$ の長さ 1 の固有ベクトルであり, 固有値が縮退している部分については, U, V が直交行列になるように補完した行列である. ここでの V は, 分散共分散行列ではないことに注意すること. このような特異値分解によって得られる U を用いて, 主成分分析を実施することができる. すなわち, 行列 A として

$$\begin{pmatrix} \boldsymbol{x}_1 & \boldsymbol{x}_2 & \cdots & \boldsymbol{x}_N \end{pmatrix} \tag{13.14}$$

ととる. これを特異値分解すると, 主成分方向ベクトルが U の各列を取り出した固有ベクトルであることにより, 主成分分析ができることになる. 近年では, 計算機の発達に伴って, 大規模行列の場合であっても容易に特異値分解を得られるようになっている.

176

§13.2　因子分析

　因子分析とは，複数の変量からなる観測データセットに対して，「変量値の組み合わせ」数個を考え，それらの重み付き和によって説明されるとして，その「変量値の組み合わせ」を推定する手法[2]である．回帰モデルとの関係でいえば，重みの方が説明変数であり，「変量値の組み合わせ」が回帰係数になっていることに注意する．これは，アンケートデータのような，同じ志向を持った人は回答項目が同じように動くが，その志向の強さは個人毎に異なっており，因子分析では，強さの方を説明変数としていると考えるとわかりやすい．今，d 次元のデータ $\boldsymbol{x}_n = (x_1^{(n)}, \ldots, x_d^{(n)})^T$ について，

$$\boldsymbol{x}_n = \sum_{i=1}^{r} \boldsymbol{\lambda}_i f_{n,i} + \boldsymbol{\varepsilon}_n \tag{13.15}$$

であると考える．ただし，$\boldsymbol{\lambda}_i$ は標本に寄らず共通の「変量の組み合わせ」であり，因子負荷量と呼ばれる．各因子負荷量において，同時に大きい値を取っている変量は，それらの変数が共通の要因によって同時に増減するということを意味する．例えば，$\boldsymbol{x}_n$ として高校における複数科目の n 番目の人の得点とし，$r = 2$ といった場合を考える．すると，片方の $\boldsymbol{\lambda}_i$ が理系科目において共通に高く，もう一方の $\boldsymbol{\lambda}_i$ が文系科目において共通に高いという傾向が見られ，さらに，理系科目に対応する $f_{n,i}$ が個人毎の理系科目に対する強さを表すということになる．

　因子分析は，因子の数 r をあらかじめ決める必要がある．また，主成分分析と類似した結果を得ることがあり，混同される場合がある

---

[2] 本書では，確率モデルやその取扱いに関して本書が想定する範囲を鑑みて，また，近年重要な手法となってきている行列分解との関係を考慮して，伝統的な説明とは少し異なる説明をしている点に注意すること．

第 13 章　多変量解析

が，ここまでの議論からわかる通り，因子分析で得られる因子負荷量は，データをもとに原因を推測した量になっているのに対し，主成分方向は，結果の組み合わせで表現した量であるので，解釈としては異なることに注意する.

また (13.15) 式の第 1 項は，d 行 r 列の行列 Λ と r 行 N 列の行列 F によって，ΛF と表すことで，(13.14) の行列を近似表現したものと見なせる．この近似の仕方によって，推定結果に違いが出る点に注意する.

```
> head(ft. 科目)#20 名中 6 名の成績
      数学 理科 国語 社会 英語
[1,]   57   39   46   64   56
[2,]   33   18   42   53   37
[3,]   39   29   58   57   50
[4,]   55   40   38   52   45
[5,]   44   33   51   52   54
[6,]   42   31   46   61   47
> cor(ft. 科目)#科目間相関係数
           数学        理科        国語        社会        英語
数学 1.0000000 0.9566884 0.1451293 0.3534693 0.4484764
理科 0.9566884 1.0000000 0.1997436 0.3264212 0.4564358
国語 0.1451293 0.1997436 1.0000000 0.7803564 0.7672897
社会 0.3534693 0.3264212 0.7803564 1.0000000 0.6661456
英語 0.4484764 0.4564358 0.7672897 0.6661456 1.0000000
> ft.res<-factanal(ft. 科目,factors=2)#因子分析（r=2)
> ft.res$loadings[,1:2]#因子分析の結果の因子負荷量
       Factor1      Factor2
数学 0.1568073  0.98511353
理科 0.2101450  0.93739510
国語 0.9974373 -0.01139236
社会 0.7845742  0.23041479
英語 0.7727920  0.33115493
>
```

図 13.3　因子分析のシミュレーション例. 5 科目 20 名分のデータを生成し，$r = 2$ として因子分析を行った. **Factor 1** が λ_1 であり，文系科目，λ_2 理系科目の因子負荷量になっている.

§13.3　分類・判別分析

13.3.1　分類・判別分析とは

　分類・判別問題とは，データ集合からそのデータの各々を特定のクラスに割り当て（分類）したり，新たなデータが入ってきたときに，それを各クラスに割り当てる問題である．応用範囲はとても広く，手書き文字認識，工場における画像写真からの異常検出，音楽データの分類といった工学的応用，遺伝子発現量の分類による病気の原因遺伝子の発見といったバイオインフォマティクスを中心とした生命科学への応用，ニュース原稿の自動分類といった情報分野への応用，スーパーにおける顧客の購買パターンの分類といったマーケティングにおける応用などが挙げられる．

　今，ある空間 Y に属する N 個のデータ $\boldsymbol{y}_n \in Y$ の集合

$$S = \{\boldsymbol{y}_1, \boldsymbol{y}_2, \ldots, \boldsymbol{y}_N\} \tag{13.16}$$

があるとする．分類 (classification) 問題とは，このデータ集合 S から，分類のための K 個のクラスラベル集合

$$C = \{1, 2, \ldots, K\} \tag{13.17}$$

と，データ $\boldsymbol{y}_n \in S$ に対して対応するクラスラベル $c_n \in C$ を一つ割り当てる関数

$$f : S \to C \tag{13.18}$$

の両方を構成する問題である．K の値はクラスラベル集合を構成する前に決める場合と，後から決める場合がある．

　一方，判別 (discriminant) 問題とは，S を含むデータの属する空間 Y の任意の元 $\boldsymbol{y}_n$ に対して，あらかじめ決めた K 個のクラスラベル集

第13章 多変量解析

合 C への関数

$$g : Y \to C \tag{13.19}$$

を構成する問題である．特に，関数 g のことを判別関数と呼ぶ．また，$K = 2$ の場合を2値判別問題，それより大きい場合を多値判別問題と呼ぶ．

以上からわかる通り，クラス数 K が固定された分類問題は，判別問題における判別関数 g が構成できれば，これを f とすることで自動的に解けていることがわかる．また，分類・判別のための関数構成法は一通りではない．そのため，実際のデータ分析においては，状況にあわせてどのように分類・判別されるべきかといった基準が必要になる．

13.3.2 判別分析：フィッシャーの線形判別分析

フィッシャーの線形判別分析とは，クラスラベル付きのデータがあった時に，クラス間の距離ができるだけ離れるように座標変換する手法である．そのような座標を得ることができれば，そのもとでの判別関数を構成することができる．

今，クラス $i\,(1 \leq i \leq K)$ に属するデータを $\{\boldsymbol{x}_i^{(n)}\}$ とし，そのサイズを N_i とする．また，クラス i に属するデータの群内平均 $\boldsymbol{\mu}_i$ ならびに群間平均 $\boldsymbol{\mu}$ を

$$\boldsymbol{\mu}_i = \frac{1}{N_i} \sum_{n=1}^{N_i} \boldsymbol{x}_i^{(n)} \tag{13.20}$$

$$\boldsymbol{\mu} = \frac{1}{K} \sum_{i=1}^{K} \boldsymbol{\mu}_i \tag{13.21}$$

とする．このとき，群内分散共分散行列

180

§13.3 分類・判別分析

$$\Sigma_{\mathrm{w}} = \sum_{i=1}^{K} \sum_{n=1}^{N_i} (\boldsymbol{x}_i^{(n)} - \boldsymbol{\mu}_i)(\boldsymbol{x}_i^{(n)} - \boldsymbol{\mu}_i)^T \tag{13.22}$$

と群間共分散行列

$$\Sigma_{\mathrm{b}} = \frac{1}{K} \sum_{i=1}^{K} (\boldsymbol{\mu}_i - \boldsymbol{\mu})(\boldsymbol{\mu}_i - \boldsymbol{\mu})^T \tag{13.23}$$

に対して,

$$S = \frac{\boldsymbol{w}^T \Sigma_{\mathrm{b}} \boldsymbol{w}}{\boldsymbol{w}^T \Sigma_{\mathrm{w}} \boldsymbol{w}} \tag{13.24}$$

を最大にするような $\boldsymbol{w}$ を探すことにより, クラス間の距離をできる
だけ離れるように設定するのがフィッシャーの線形判別である. ここ
で, $\boldsymbol{w}$ は, $\Sigma_{\mathrm{w}}^{-1}\Sigma_{\mathrm{b}}$ の固有値として得られる. ここで, S は群間の分離
の度合を表す量になっている.

図 13.4 は, 1 章において使用したアヤメデータについて, 各クラスの
最初の 25 個の標本, 全部で 75 個の標本を用いて線形判別分析を行い,
得られた軸を用いて 2 次元平面に射影したものである. "s", "c", "v"
がそれぞれ, setosa, versicolor, virginica である. 軸 LD1 は,

$$(\mathrm{LD1}) = -0.648 \times (\mathrm{Sepal.L}) - 1.91 \times (\mathrm{Sepal.W})$$
$$+ 1.71 \times (\mathrm{Petal.L}) + 3.93 \times (\mathrm{Petal.W}) - 1.63 \tag{13.25}$$

で与えられている. 図をみると, ほぼ LD1 軸に沿って分類ができて
いることがわかり, 主成分分析の場合の図 13.1 よりもクラス間での
重なりが小さいことがわかる.

さらに, このようにして得られた軸をもとに, 残りの 75 個について
判別を行うと, setosa は全て setosa として判別され, versicolor は 1
個が virginica と誤判別, virginica は 2 個が versicolor と誤判別され,
誤判別率は 4% である.

第13章 多変量解析

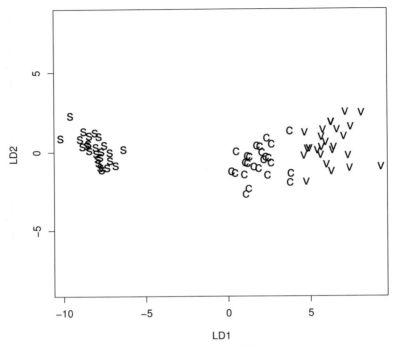

図 13.4 線形判別分析による結果例

13.3.3 クラスタ分析1：K-means 法

クラスタ分析とは，分類問題の一つの解法であり，特に，データの属する空間 Y として R^d をおいてデータを布置した時に，そのデータが複数の局所的なデータの集まり（クラスタと呼ぶ）からなる場合に，各データがどのクラスタに属するかを検出する手法である．例えば，1章に示した図1.7の間欠泉データは，eruptions と durations が $(4.3, 80)$ を中心としたクラスタ，ならびに $(2.1, 55)$ 付近を中心としたクラスタに分かれている．この中の各データがどちらのグループに属

§13.3 分類・判別分析

するかを見つけるのがクラスタ分析である.

クラスタ分析は，K-means 法と階層型クラスタリングの2つの方法が代表的である．いずれの方法も，データ間の距離関数 $d(\cdot,\cdot)$ を考え，その意味での近さを基準として分析する．K-means 法は，次の手続きによってクラスタを求める．

1. クラスラベル数 K をあらかじめ固定する．データ集合 $S = \{\boldsymbol{y}_1,\ldots,\boldsymbol{y}_N\}$ の各要素に対応するクラスラベル c_n を，集合 $C = \{1,2,\ldots,K\}$ からランダムに割り当てる．

2. クラスラベルが i であるものの集合を $C_i = \{n|c_n = i\}$ とし，その要素数を N_i とする．

3. $i = 1,2,\ldots,K$ について，$\overline{\boldsymbol{y}}_i = \dfrac{1}{N_i} \sum_{n \in C_i} \boldsymbol{y}_n$ を計算する．

4. 各 $n = 1,\ldots,N$ について，$\min\limits_{i \in C}(d(\boldsymbol{y}_n,\overline{\boldsymbol{y}}_i))$ を実現する i を c_n とする．

5. クラスラベルに変更がなければ終了．そうでなければ 2. に戻る．

距離関数は，ユークリッド距離を取ることが多い．注意すべき点としては，主成分分析の場合と同様，各軸に対して平均 0，分散 1 とする規格化を行う方が適切な結果を得られる場合が多い点が挙げられる．これは，変動幅が大きい軸が点間の距離に大きく寄与するためである．もう一つ注意すべき点は，初期値のとり方によって異なる結果が得られる点である．

図 13.5 は，間欠泉データの K-means 法によるクラスタリング結果である．クラス数を 2 とし，規格化なしとありの場合についてプロットしたものである．規格化無しの場合の $\overline{\boldsymbol{y}}_1, \overline{\boldsymbol{y}}_2$ は，それぞれ $(2.09, 54.8), (4.30, 80.3)$ となった．また，規格化ありの場合には，$(2.05, 54.6), (4.30, 80.1)$ となった．図からわかる通り，規格化しない

183

第 13 章 多変量解析

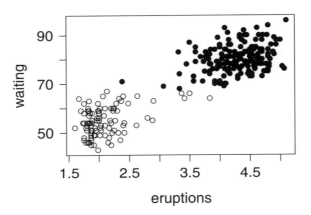

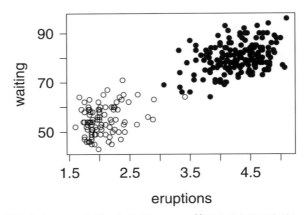

図 13.5 　間欠泉 (faithful) データの K-means 法によるクラスタリング結果．クラス数 $K = 2$ とし，上図が基準化なし，下図が基準化ありとした結果である．

§13.3 分類・判別分析

場合にはほとんど waiting 軸で決まってしまうため，本来クラス 1 に
入るべき $(2.4, 71)$ の点がクラス 2 に入ってしまっている．これが，規
格化した場合には正しくクラス 1 に入っている．

13.3.4 クラスタ分析 2：階層型クラスタリング

階層型クラスタリングでは，N 個のデータに対して，全てのデータ
ペア間の距離を計算し，それらの中で最近傍のものを組み合わせるこ
とを繰り返し，グループ化するクラスタリング手法である．手続きは
次のようになる．

1. データ集合 S を，$S = \{\{\boldsymbol{y}_1\}, \ldots, \{\boldsymbol{y}_N\}\}$ というように，一点集
    合が N 個ある集合とし，各要素を $P_1, \ldots, P_N$ とする．また，i を
    N とする．
2. データ集合 S 内の相異なる全ての 2 要素 P_i, P_j 間の距離 $d(\cdot, \cdot)$ を
    計算し，その中で最小のペアの要素を $\boldsymbol{a}, \boldsymbol{b}$ とする．ここで，距離は
    適切な集合間の距離を用いる．この $\boldsymbol{a}, \boldsymbol{b}$ を S から取り除き，$\boldsymbol{a}, \boldsymbol{b}$
    に含まれるデータを改めて一つの集合 $P_{i-1} = \{\boldsymbol{y}_j | \boldsymbol{y}_j \in \boldsymbol{a} \cup \boldsymbol{b}\}$
    にまとめる．また，その時の距離 D_i を記録する．同距離のペ
    アがある場合には，その中のいずれか一つのペアを選ぶ．それ
    以外の要素について，同一要素に含まれるデータ点 $\boldsymbol{y}_n$ に対し
    ては同一のクラスラベルがつくように，$\{1, \ldots, i-2\}$ の中から
    ラベル付けする．これを $c_n^{(i-1)}$ と表記するとともに，$\boldsymbol{y}_n$ を集合
    $Pc_n^{(i-1)}$ に含める．P_{i-1} に含まれるデータ点に対して，クラスラ
    ベル $i-1$ をラベル付けする．すなわち，$\boldsymbol{y}_n \in P_{i-1}$ なる n に対
    して，$c_n^{(i-1)} = i-1$ となる．
3. $i-1$ を新たな i とする．

第 13 章　多変量解析

4.　i が 1 になったら終了．K 個のクラスタに分ける場合，$c_n^{(K)}$ をク
　　ラスラベルとしてクラスタリングする．i が 1 以外の場合，2 に
　　戻る．

　以上の手続きは，図 13.6 のようなデンドログラムの形式で表現さ
れる．デンドログラムにおいては，より下でつながっている要素同士
が近くになっている．図 13.6 に示したのは，アメリカ合衆国 50 州の
犯罪率データをもとに，クラスタリングをした結果である．Height が
75 の付近で枝を切ると，枝を 4 つに分けることになり，4 つのグルー
プに分けることができる．これは $K = 4$ の場合に対応している．

§13.3 分類・判別分析

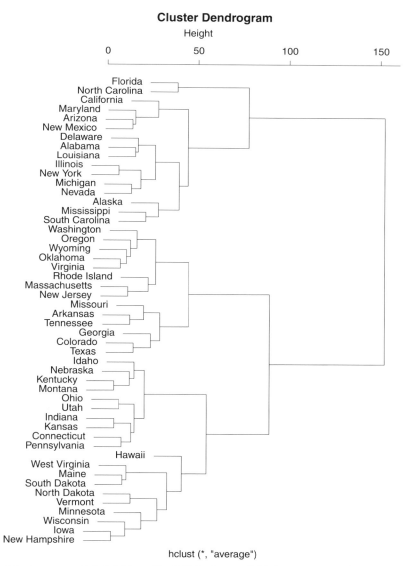

図 13.6 アメリカ合衆国 50 州の犯罪率データの階層型クラスタリングによる結果のデンドログラムによる表示.

第14章　サンプリングとモンテカルロ法

　本章では，コンピュータの計算速度の高速化と記憶容量の拡大にともなって，統計学において重要になった方法であるモンテカルロ法について，その基礎を説明する．

§14.1　サンプリングとモンテカルロ法

　モンテカルロ法とは，ある確率分布に従う確率変数についてコンピュータによって模擬的にサンプリングを行い，得られたサンプルから，推定量や分布に関する推論を行う方法のことである．これまでに説明してきた推定や検定では，母集団や標本の確率分布に仮定をおき，さまざまな値を計算してきたが，一般の分布に従う場合や，ベイズ推定を行う場合には，必ずしもそのような仮定が現実と合わない場合がある．そのような場合において，モンテカルロ法は強力な推論の方法になる．

　モンテカルロ法の利点は，

- 期待値などのモーメントや推定量を求めるのに，解析的な計算が不要
- 標本分布やベイズ推定における事後分布を得るのに，経験分布の形で得ることができ，その後の推論に用いることができること

が挙げられる．欠点は，サンプルによって推論する手法であることに由来するものが挙げられ，

第14章　サンプリングとモンテカルロ法

- 直接的に適用すると，推定量やモーメントは式ではなくその値としてしか得られない．そのため，式として得るには，何らかの仮定や工夫が必要
- 近似計算手法であるために近似誤差があり，サンプルを増やすほど精度は上がるが，その精度向上の度合が低く，サンプル数の平方根に比例

といった点が挙げられる．すなわち，利点は手法の汎用性，欠点は計算の精度や速度に関わる点であり，コンピュータが早くなることによって，ある程度精度を向上させることが可能となり，汎用性を活かした推定が可能であるという利点の方が大きくなったことから，幅広く使われるようになった，というものである．

§14.2　分布に従う確率変数の実現値の生成

第6章で説明した，確率変数の変数変換であるが，離散型確率変数でも連続型適用可能なように，次のような確率分布の一般化逆関数を考える．

定義 14-1

確率変数 X が従う確率分布の（累積）分布関数を $F(x)$ とする．ここで，一般化逆関数 $F^-(u)$ を，$[0,1]$ 上で定義される関数として，

$$F^-(u) = \inf\{x|F(x) \geq u\} \tag{14.1}$$

と定める．

---

§14.2 分布に従う確率変数の実現値の生成

定理 14-1

　確率変数 U を連続な一様分布 $U([0,1])$ に従うとし，$F(x)$ を任意の確率分布関数，$F^-(\cdot)$ をその一般化逆関数とする．このとき，確率変数 $F^-(U)$ が従う分布の分布関数は $F(x)$ となる．

問 14-1 　これを示せ．

　このことが意味するのは，任意の確率分布に従う確率変数は，一様分布に従う確率変数の変換により作成できるということである．そのため，一様分布に従う変数の実現値を変換すれば，必要な確率分布に従う確率変数の実現値を生成できることになる．これをもとにパラメータを求めるなどの様々な推論を行うのがモンテカルロ法である．

　手続きは，次のようになる．

1.　一様分布 $[0,1]$ に従う実現値 u を発生させる[1]．
2.　$x = F^-(u)$ を計算する．この x が必要な実現値である．

問 14-2 　偏りのあるサイコロについて，出る目を確率変数 X とし，

$$P(X) = \begin{cases} \frac{1}{2} & (X = 1) \\ \frac{1}{10} & (X = 2, \ldots, 6) \end{cases} \tag{14.2}$$

であるとする．また，$U([0,1))$ の一様分布に従う確率変数の実現値を得られるとする．このとき，$F^-(\cdot)$ を決め，それに基づいて偏りのあるサイコロに従う実現値を作る手続きを与えよ．

問 14-3 　前問と同様に $U([0,1))$ 上の一様分布に従う確率変数の実現値を得られる時に，指数分布に従う確率変数の実現値を作る手続きを与えよ．

―――――――――――――
[1] コンピュータ上では，区間 $[0,1]$ 上での一様乱数の発生に対応する．また，発生させる確率変数によって，両端のいずれかまたは両方を含まないようにする．両端の取り扱いは微妙な問題であるが，ここでは詳細には立ち入らない．

第14章　サンプリングとモンテカルロ法

また，特に正規分布に従う確率変数の実現値を発生させるときには，Box-Muller 法と呼ばれる方法により発生させることができる.

1.　一様分布 $(0, 1]$ に従う独立な実現値 u_1, u_2 を発生させる.
2.　$x_1 = \sqrt{-2 \log u_1} \cos 2\pi u_2$ と $x_2 = \sqrt{-2 \log u_1} \sin 2\pi u_2$ を計算する. この x_1, x_2 は，独立な標準正規分布 $N(0, 1)$ に従う確率変数 X_1, X_2 の実現値である.

問 14-4　上記の手続きにより，標準正規分布に従う独立な確率変数の実現値が得られることを示せ.

以上で得られる実現値のことを乱数と呼ぶ.

§14.3　多変量正規分布に従う乱数の生成

任意の多変量正規分布に従う乱数の生成には，前項に示した Box-Muller 法により生成した乱数を用い，座標変換を行うことで生成する. 今，d 次元の多変量正規分布の平均を $\boldsymbol{\mu}$，分散共分散行列を Σ とする. ただし，分散共分散行列は正定値を仮定する. このとき，ある下半三角行列 L について，

$$\Sigma = LL^T \tag{14.3}$$

なる分散共分散行列 Σ のコレスキー分解が存在する. そこで，Box-Muller 法で d 個の標準正規分布に従う乱数 z_i を生成し，これを並べたベクトル

$$\boldsymbol{z} = (z_1, \ldots, z_d)^T \tag{14.4}$$

を構成し，これを用いて

$$\boldsymbol{y} = L\boldsymbol{z} + \boldsymbol{\mu} \tag{14.5}$$

§14.3　多変量正規分布に従う乱数の生成

とする．これにより，平均 $\boldsymbol{\mu}$，分散共分散行列 Σ の多変量正規分布に従う乱数を生成できる．このような乱数を用いることにより，複数の変数の間で相関を持つ現象に対して，正規分布を仮定することができれば，モンテカルロ法による計算を行うことができる．

　なお，正規分布以外の多変量分布で計算するのに，このような座標変換による方法を用いることが出来る場合もあるが，一般には難しい．問題によってさまざまな手法があるが，例えば，同時確率密度関数（確率質量関数でも成立する）の分解公式

$$p(x_1, x_2, \ldots, x_d) = p(x_1) \prod_{i=2}^{d} p(x_i | x_1, \ldots, x_{i-1}) \tag{14.6}$$

によって，1次元の条件付き分布を構成して，x_1 から順にサンプリングするのが最も簡単なアプローチである．すなわち，N 個の乱数を得たい場合には，以下の手続きを $i = 1, \ldots, N$ の N 回繰り返せばよい．

1. $x_1^{(i)}$ を x_1 の周辺化した確率密度関数 $f(x)$ にしたがってサンプリングする．

2. $j = 2, \ldots, d$ に対して，x_j の $x_1, \ldots, x_{j-1}$ で条件付けた確率密度関数 $f(x_j | x_1^{(i)}, \ldots, x_{j-1}^{(i)})$ にしたがってサンプリングする．条件の部分は，すでにサンプリングした値を代入するので，1次元のサンプリングになっている．

　以上の手続きは，1次元のサンプリングの繰り返しであるので，逆関数法により実現可能である．ただし，この手続きにおいても，条件付き確率密度関数が必要となるため，対象によっては必ず構成できるわけではないことに注意する．

193

第14章 サンプリングとモンテカルロ法

§14.4 モンテカルロ法による各種統計量・分布の計算

前節では，確率変数の実現値を一様乱数から生成する方法を説明した．本節では，生成した実現値をどのように推論に用いることができるかについて説明する．

今，確率変数 X と，$h : R \to R$ なる連続な関数 $h(\cdot)$ を考える．ここで，確率変数 $h(X)$ の期待値を得たいが，解析的には計算できず，代わりに X の独立な実現値 $x_1, \ldots, x_n$ を得ることができるとする．このとき，次の定理を用いることで，実現値を用いた推論に役立てられることになる．

定理 14-2

確率変数 X は，分布関数 $F(x)$ に従う確率変数であるとし，$x_1, \ldots, x_n$ を，X の独立な実現値であるとする．また，$h(\cdot)$ を実数上に定義される連続な関数で，$E(X)$ と $E(X^2)$ が有界であるとする．このとき，

$$\lim_{n \to \infty} \frac{1}{n} \sum_{i=1}^{n} h(x_i) = E(h(X)) \tag{14.7}$$

が成り立つ[2]．

この定理は，独立な実現値を代入した関数値の算術平均により，期待値の近似値が得られ，実現値を増やせば期待値に収束することを意味している．また，$h(x)$ が連続でないが有界な場合にも同様のことが言える．以上のことから，モンテカルロ法により得られた実現値により，次のようなことが可能である．

---

[2] この証明は本書の範囲を超えるため，必要であれば別著を参考のこと．

194

§14.4 モンテカルロ法による各種統計量・分布の計算

- 関数 $h(x)$ として x^p をとることで，確率変数の p 次モーメントを計算
- 推定量 $\hat{\theta}(X)$ やベイズ事後分布の期待値や分布（定義関数をもちいればよい）の計算

例として，平均 0，分散 1 の正規分布からの実現値 15 個ずつの組を 20000 組発生させ，それぞれの組について標本平均 μ と不偏分散から得られる標準偏差 s ならびに t 統計量

$$t = \frac{\mu}{s/\sqrt{15}} \tag{14.8}$$

を計算した．この t 統計量についてヒストグラムを作成したのが，図 14.1 である．標本数 15 の場合に対応するので，自由度が 14 の t 分布に従っている．

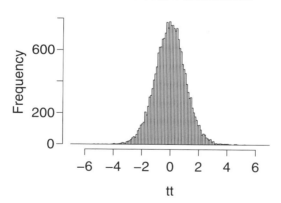

図 14.1　シミュレーションにより作成した，20000 個の t 統計量のヒストグラム．

問 14-5　同様のシミュレーションをやってみよ．

第14章　サンプリングとモンテカルロ法

§14.5　発展的な方法

　ここまで説明した方法により，原理的にはモンテカルロ計算が可能になるのであるが，実際の問題では直接適用するのが難しい場合が多い．例えば，一般化逆関数を与えることが難しい場合や高次元分布における一般の同時分布におけるサンプリングが難しい場合としてあげられる．実際の問題に用いるために使われる手法として，一般化逆関数を使えない場合の棄却法，高次元分布における同時分布や周辺分布からのサンプリングを効率良く行うためのマルコフ連鎖モンテカルロ (Markov chain Monte Carlo (MCMC)) 法ならびにギブスサンプリング (Gibbs sampling) 法，期待値の計算を行う際に $h(x)$ の絶対値の大きさを考慮に入れ，ランダムサンプルを行う際の生成を工夫することで積分の精度を上げる重点サンプリング (Importance sampling) といった手法が挙げられる．これらの方法はそれぞれ重要であるが，本書の範囲を超えるため，名称の紹介のみとしておく．

§14.5 発展的な方法

コラム

　近年では，General-purpose computing on graphics processing units (GPGPU) と呼ばれる，本来画像描画に用いられる機器を計算に転用する手法といった新しい計算機利用手法や，さまざまなチップレベルでの技術の発展に伴い，科学計算における計算速度の高速化と大規模化が進展している．本章で示したモンテカルロ計算も，GPGPU による高速化も含めた計算速度高速化の恩恵を受けている分野の一つである．計算機と計算技術の発展により，従来計算が困難であったような分布や期待値の数値計算も可能となってきている．

　その応用の一つが，データ同化と呼ばれる手法である．データ同化とは，気象分野で発展してきた手法で，物理現象を再現するコンピュータシミュレーションに対して，実際に観測されたデータをうまく組み合わせて，より現実に近いシミュレーションと予測を行う手法のことである．データ同化手法の中でも，逐次型データ同化と呼ばれる，観測データを次々と取り込みながらシミュレーションの精度を良くし，予測精度も良くする方法ではでは，ベイズ統計による事後確率の計算，ガウス分布以外の一般の分布の取り扱いとモンテカルロ法による計算といった，本書で取り扱った統計学の要素が多く含まれている．データ同化は，近年では気象分野以外にも，津波，地盤工学，生命科学，航空宇宙，分子動力学といったさまざまな科学分野にも拡がっている．例えば，珠玖他 (2010) の埋め立て工事における地盤沈下の解析では，途中までの沈下の計測データと沈下シミュレーションをデータ同化することで，地中の状態を推定しながら，将来の沈下量の予測の精度が良くなるという結果が得られている．データ同化は，自然科学分野だけでなく，社会科学分野への拡がりも期待されている．

問の略解

問 3-1

$$X(\omega) = \begin{cases} -100 & (\omega \in \{E_1, E_2, E_3\}) \\ 100 & (\omega \in \{E_4, E_5, E_6\}) \end{cases}$$

問 3-2 例えば，2017年「ドリームジャンボ宝くじ」を例にとる（前後賞など
は除く）と，n 等に対応する事象を $E_n (n = 1 \ldots, 5)$ とすれば，

$$X(\omega) = \begin{cases} 500,000,000 & (\omega \in E_1) \\ 10,000,000 & (\omega \in E_2) \\ 30,000 & (\omega \in E_3) \\ 3,000 & (\omega \in E_4) \\ 300 & (\omega \in E_5) \end{cases}$$

とできる．なお，$P(E_1) = 1/10,000,000$ である．

問 4-1 $\lim_{x \to -\infty} F(x) = 0$, $\lim_{x \to +\infty} F(x) = 1$ であるから，それぞれ
$F(-\infty) = 0$, $F(+\infty) = 1$ と書くと，

$$\int_{-\infty}^{\infty} f(x)\mathrm{d}x = F(+\infty) - F(-\infty) = 1$$

である．

問 4-2 $0 < p < 1$ のとき，$\sum_{x=1}^{\infty}(1-p)^x$ の収束半径が 1 で項別微分可能な
ので，

$$\sum_{x=1}^{\infty} xp(1-p)^{x-1} = p\sum_{x=1}^{\infty} x(1-p)^{x-1}$$

$$= p\frac{\mathrm{d}}{\mathrm{d}p}(-\sum_{x=1}^{\infty}(1-p)^x) = p\frac{\mathrm{d}}{\mathrm{d}p}\frac{-1}{1-(1-p)} = \frac{1}{p}$$

となり期待値が求められる．分散も同様にして $\sum_{x=1}^{\infty}(1-p)^x$ の 2 階微分を作
ればよい．

199

問の略解

問 4-3 $V(X) = E(X^2) - E(X)^2$ を用いて計算する.

$$\sum_{x=0}^{n} {}_nC_x p^x (1-p)^{n-x} x^2 - n^2 p^2$$

$$= \sum_{x=0}^{n} {}_nC_x p^x (1-p)^{n-x} x(x-1) + \sum_{x=0}^{n} {}_nC_x p^x (1-p)^{n-x} x - n^2 p^2$$

$$= \sum_{x=2}^{n} \frac{n!}{(x-2)!(n-x)!} p^x (1-p)^{n-x} + np - n^2 p^2$$

$$= n(n-1)p^2 \sum_{x=0}^{n-2} \frac{(n-2)!}{x!(n-x-2)!} p^x (1-p)^{n-2-x} + np - n^2 p^2$$

$$= n(n-1)p^2 + np - n^2 p^2$$

$$= np(1-p)$$

問 4-4

$$E(X) = \int_{-\infty}^{\infty} x f(x) \mathrm{d}x = \int_{-\infty}^{\infty} (x - \mu + \mu) f(x) \mathrm{d}x$$

$$= \int_{-\infty}^{\infty} (x - \mu) f(x) \mathrm{d}x + \int_{-\infty}^{\infty} \mu f(x) \mathrm{d}x = \int_{-\infty}^{\infty} (x - \mu) f(x) \mathrm{d}x + \mu$$

ここで, $\frac{x-\mu}{\sigma} = t$ とおくと, $\mathrm{d}x = \sigma \mathrm{d}t$ であるから, 第 1 項は,

$$\int_{-\infty}^{\infty} (x - \mu) f(x) \mathrm{d}x = \int_{-\infty}^{\infty} \sigma t \frac{1}{\sqrt{2\pi\sigma^2}} e^{-\frac{t^2}{2}} \sigma \mathrm{d}t$$

$$= \frac{\sigma}{\sqrt{2\pi}} \int_{-\infty}^{\infty} t e^{-\frac{t^2}{2}} \mathrm{d}t = \frac{\sigma}{\sqrt{2\pi}} \left[-e^{-\frac{t^2}{2}} \right]_{-\infty}^{\infty} = 0$$

となる. よって, $E(X) = \mu$ となる.

分散は,

$$E(X^2) = \int_{-\infty}^{\infty} x^2 f(x) \mathrm{d}x = \int_{-\infty}^{\infty} (x - \mu^2) f(x) \mathrm{d}x + \mu^2$$

から, 期待値の場合と同様の置換を用いて計算すると, 第 1 項が σ^2 になるので,

$$V(X) = E(X^2) - (E(X))^2 = \sigma^2 + \mu^2 - \mu^2 = \sigma^2$$

となる.

問 4-5 (略. 微積分のテキストのガウス積分を参考のこと)

問の略解

問 4-6

$$E(X) = \int_{-\infty}^{\infty} xf(x) = \int_{0}^{\infty} \lambda e^{-\lambda x} x \mathrm{d}x$$

$$= [-e^{-\lambda x} x]_{0}^{\infty} + \int_{0}^{\infty} e^{-\lambda x} \mathrm{d}x = \frac{1}{\lambda} \int_{0}^{\infty} \lambda e^{-\lambda x} \mathrm{d}x = \frac{1}{\lambda}$$

$$V(X) = \int_{0}^{\infty} \lambda e^{-\lambda x} x^2 \mathrm{d}x - \frac{1}{\lambda^2}$$

$$= [-e^{-\lambda x} x^2]_{0}^{\infty} + \int_{0}^{\infty} 2e^{-\lambda x} x \mathrm{d}x - \frac{1}{\lambda^2}$$

$$= \frac{2}{\lambda} \int_{0}^{\infty} \lambda e^{-\lambda x} x \mathrm{d}x - \frac{1}{\lambda^2} = \frac{2}{\lambda}\frac{1}{\lambda} - \frac{1}{\lambda^2} = \frac{1}{\lambda^2}$$

問 5-1 $A_n = \{\omega | X(\omega) \leq x, Y(\omega) \leq n\}$ とすると, $n \to \infty$ で $A_n \to A = \{\omega | X(\omega) \leq x\}$. $\lim_{n \to \infty} P(A_n) = P(A) = F_X(x)$ より, $\lim_{y \to \infty} F(x, y) = \lim_{n \to \infty} P(A_n) = F_X(x)$.

問 5-2 平均 0 の確率変数 X, Y について,

$$\iint xyf(x, y)\mathrm{d}x\mathrm{d}y$$

は内積としての性質を満たすので, これを $<x, y>$ とする. すると, コーシー=シュワルツの不等式より,

$$<x, y>^2 \leq <x, x> \cdot <y, y>$$

となることから,

$$(E((X - E(X))(Y - E(Y))))^2 \leq E((X - E(X))^2)E((Y - E(Y))^2)$$

となり, これは $\mathrm{Cov}(X, Y)^2 \leq V(X)V(Y)$ であることから従う.

問 5-3 独立性より同時分布がそれぞれの分布の積であることを用いて, 共分散を計算すると,

$$\iint (x - \mu_x)(y - \mu_y)f(x, y)\mathrm{d}x\mathrm{d}y$$

$$= \int (x - \mu_x)f_X(x)\mathrm{d}x \int (y - \mu_y)f_Y(y)\mathrm{d}y$$

$$= (\mu_x - \mu_x)(\mu_y - \mu_y) = 0$$

であることから従う.

問の略解

問 5-4　$E(h_y(Y)|X) = \int_{-\infty}^{y} h_y(u)f(u|x)\mathrm{d}u = F(y|x)$ より従う.

問 6-1　期待値は積分・和の線形性より明らか. 分散は,

$$E((X+Y)^2 - (E(X+Y))^2)$$
$$= E(X^2 + 2XY + Y^2 - (\mu_X + \mu_Y)^2)$$
$$= E(X^2) + E(Y^2) - \mu_X^2 - \mu_Y^2 + 2E(XY) - 2\mu_X\mu_Y$$
$$= V(X) + V(Y) + 2E((X - \mu_X)(Y - \mu_Y))$$

となる.

問 6-2　$X \sim Po(\lambda_1), Y \sim Po(\lambda_2)$ とし, $Z = X + Y$ とする. すると,

$$P(Z = z) = \sum_{n=0}^{z} P(X = n)P(Y = z - n)$$
$$= \sum_{n=0}^{z} \frac{\lambda_1^n e^{-\lambda_1}}{n!} \frac{\lambda_2^{(z-n)} e^{-\lambda_2}}{(z-n)!} = \frac{e^{-(\lambda_1+\lambda_2)}}{z!} \sum_{n=0}^{z} \frac{z!}{n!(z-n)!} \lambda_1^n \lambda_2^{(z-n)}$$
$$= \frac{e^{-(\lambda_1+\lambda_2)}}{z!}(\lambda_1 + \lambda_2)^z$$

となり, $Z \sim Po(\lambda_1 + \lambda_2)$ となる.

　二項分布も同様にして, $X \sim B_i(n,p)$, $Y \sim B_i(m,p)$ として, $P(Z = z) = \sum_k P(X = k)P(Y = z - k)$ を計算すれば, $Z \sim B_i(n+m,p)$ を得る. ただし, k の範囲は $\max(0, z-m) \leq k \leq \min(n, z)$ である.

問 6-3　指数分布のモーメント母関数は, $t < \lambda$ で定義できて,

$$E[e^{tX}] = \int_0^{\infty} e^{tx} \lambda e^{-\lambda x}\mathrm{d}x = \int_0^{\infty} \lambda e^{(t-\lambda)x} \lambda e^{-\lambda x}\mathrm{d}x$$
$$= [\frac{\lambda}{t-\lambda} e^{(t-\lambda)x}]_0^{\infty} = \frac{\lambda}{\lambda - t}$$

となる.

　ポアソン分布のモーメント母関数は,

$$E[e^{tX}] = \sum_{n=0}^{\infty} e^{tn} \frac{\lambda^n e^{-\lambda}}{n!} = \sum_{n=0}^{\infty} \frac{(e^t\lambda)^n e^{-\lambda}}{n!}$$

問の略解

$$= e^{-\lambda} e^{\lambda e^t} \sum_{n=0}^{\infty} \frac{(e^t \lambda)^n e^{-\lambda e^t}}{n!} = e^{\lambda(e^t - 1)}$$

となる.

問 6-4 $Po(\lambda_1)$ と $Po(\lambda_2)$ に従う確率変数の和の分布のモーメント母関数は,各々の積なので, $e^{\lambda_1(e^t-1)} e^{\lambda_2(e^t-1)} = e^{\lambda_1 e^t + \lambda_2 e^t - \lambda_1 - \lambda_2} = e^{(\lambda_1+\lambda_2)(e^t-1)}$ となり, $\lambda = \lambda_1 + \lambda_2$ のポアソン分布に従う.

問 7-1 (略)

問 9-1 標本 x_i に対応する確率変数を X_i とする. ここで, X_i は互いに独立であり, 平均 μ, 分散 σ^2 とする. また, X_i の算術平均を $\overline{X}$ とする. すると,

$$\overline{X} = \frac{1}{n} \sum_{i=1}^{n} X_i$$

であり, その期待値と分散は $E(\overline{X}) = \mu, V(\overline{X}) = \frac{\sigma^2}{n}$ である. ここで, 不偏分散の期待値は,

$$E \left(\frac{1}{n-1} \sum_{i=1}^{n} (X_i - \overline{X})^2 \right)$$
$$= \frac{1}{n-1} E \left(\sum_{i=1}^{n} ((X_i - \mu) - (\overline{X} - \mu))^2 \right)$$
$$= \frac{1}{n-1} E \left(\sum_{i=1}^{n} (X_i - \mu)^2 - 2 \sum_{i=1}^{n} (X_i - \mu)(\overline{X} - \mu) + \sum_{i=1}^{n} (\overline{X} - \mu)^2 \right)$$

ここで, $E((X_i - \mu)^2) = V(X_i) = \sigma^2, E((\overline{X} - \mu)^2) = V(\overline{X}) = \frac{\sigma^2}{n}$ であり, さらに,

$$E \left(\sum_{i=1}^{n} (X_i - \mu)(\overline{X} - \mu) \right) = E \left((\overline{X} - \mu) \sum_{i=1}^{n} (X_i - \mu) \right)$$
$$= E \left((\overline{X} - \mu)(n\overline{X} - n\mu) \right) = nE((\overline{X} - \mu)^2) = \sigma^2$$

である. よって, $\frac{1}{n-1}(n\sigma^2 - 2\sigma^2 + \sigma^2) = \sigma^2$ となり, 不偏推定量である.

割合については, パラメータ p を持つベルヌーイ分布 $Bi(1, p)$ に従う互いに独立な確率変数 X_i を考えると, その算術平均の期待値が p となることから従う.

203

問の略解

問 9-2 （略）

問 9-3 （略）

問 10-1 99% 信頼区間の方が広い．その理由は，$P(L \leq \theta \leq U) \geq (1 - \alpha)$ を満たす (U, L) の組の集合 $C_{1-\alpha}$ を考えると，$C_{0.99} \supset C_{0.95}$ となるため．

問 14-1 任意の $u \in [0, 1]$ と $x \in F^{-}([0, 1])$ に対して，$F(F^{-}(u)) \geq u$ と $F^{-}(F(x)) \leq x$ が成り立つ．したがって，$\{(u, x) | F^{-}(u) \leq x\} = \{(u, x) | F(x) \geq u\}$ であるから，$P(F^{-}(U) \leq x) = P(U \leq F(x)) = F(x)$ となる．

問 14-2
$$F^{-}(u) = \begin{cases} 1 & (0 \leq u < \frac{1}{2}) \\ 2 + i & (\frac{1}{2} + \frac{i}{10} \leq u < \frac{1}{2} + \frac{i+1}{10}), \ i = 0, 1, \ldots, 4 \end{cases}$$

とする．一様乱数を発生し，上記の u にあてはめて得られる $F^{-}(u)$ が求める乱数である．

問 14-3
$$\int_{0}^{x} f(x)\mathrm{d}x = 1 - e^{-\lambda x}$$

であるから，$u = 1 - e^{-\lambda x}$ を x について解くと，

$$x = -\frac{\log(1 - u)}{\lambda}$$

であるから，$F^{-}(u) = -\frac{\log(1-u)}{\lambda}$ として，問 14-2 と同様にすればよい．なお，$1 - u$ は $(0, 1]$ の一様分布に従う乱数であるので，$1 - u$ を $u \in (0, 1]$ として置きなおしても良い（範囲に注意する）．

問 14-4 $X_1 = \sqrt{-2 \log U_1} \cos 2\pi U_2, X_2 = \sqrt{-2 \log U_1} \sin 2\pi U_2$ とすると，$U_1 = e^{-\frac{X_1^2 + X_2^2}{2}}, U_2 = -\frac{1}{2\pi} \arctan \frac{X_2}{X_1}$ であることから従う．

参考文献

[1] 総務省，平成 26 年 12 月 14 日執行　衆議院議員総選挙・最高裁判所裁判官国民審査　速報結果　衆議院議員総選挙，都道府県別有権者数，投票者数（小選挙区），http://www.soumu.go.jp/senkyo/senkyo_s/data/shugiin47/index.html.

[2] 東京大学教養学部統計学教室（編），統計学入門，東京大学出版会，1991.

[3] Sturges, H. A., The choice of a class interval, Journal of the American Statistical Association, **21** (1926), 65–66.

[4] Fisher, R. A.,The use of multiple measurements in taxonomic problems, Annals of Eugenics, **7** (1936), Part II, 179–188.

[5] 伊藤清，確率論の基礎 [新版]，岩波書店，2004.

[6] 北川源四郎，時系列解析入門，岩波書店，2005.

[7] 高安秀樹，経済物理学の発見，光文社，2004.

[8] 珠玖隆行，村上章，西村伸一，藤沢和謙，中村和幸，粒子フィルタによる神戸空港島沈下挙動のデータ同化，応用力学論文集，**13** (2010), 66–77.

索　引

索　引

B
Box-Muller 法, 192

F
F 検定, 147, 148
F 統計量, 148

K
K-means 法, 182

M
MCMC 法, 196

P
p 値, 143

S
Stures の方法, 4

T
t 検定, 141
t 統計量, 142
t 分布, 68

あ行
赤池情報量規準, 165
1 群の t 検定, 142
1 次元データ, 10
一様乱数, 192
一致性, 125
一般化逆関数, 190
一般化逆行列, 160
因子負荷量, 177
因子分解, 177
上側確率, 134

ウェルチの t 検定, 146
重み付き平均, 24
折れ線, 20

か行
回帰直線, 158
回帰モデル, 177
階級, 3
階級値, 6
階級幅, 4
概収束, 98
階層型クラスタリング, 185
カイ二乗検定, 149
カイ二乗統計量, 149
カイ二乗分布（χ^2 分布）, 65
ガウス積分, 63
確率, 26
確率関数, 46
確率質量関数, 46
確率の公理, 33
確率の乗法定理, 82
確率分布, 46
確率分布関数, 46
確率変数, 39
確率変数の変換, 92
確率変数の和の確率分散, 89
確率変数の和の期待値・分散, 87
確率密度関数, 48
可算無限, 31
可視化, 5
仮説検定, 139
片側検定, 142
片側上位, 133
カテゴリー, 2
カテゴリカルデータ, 2

索　引

関係がある, 151
ガンマ関数, 66
規格化, 173
幾何分布, 58
棄却, 140
記述統計学, 1, 105
期待値, 52, 75
ギブスサンプリング法, 196
帰無仮説, 140
逆ガンマ分析, 128
共分散, 13, 76
共役事前分布, 117, 127
均質性, 109
空間データ, 23
空事象, 30
区間推定, 66, 68, 131
クラスタ, 182
クラスタ構造, 11
クラスタ分析, 182
クラスレベル, 179
クロス表, 18
群間共分散行列, 180
郡内分散共分散行列, 180
決定係数, 160
検定, 66, 68, 139
検定の多重性, 152
公理系, 28
公理的確率論, 28
コーシー分布, 68
固有権, 169
固有値分解, 170
固有ベクトル, 169
コルモゴロフ, 28
コレスキー分解, 192

さ行

対数尤度関数, 116
再生性, 89
採択, 140
最頻値, 5
最尤推定法, 113
最尤法, 110, 112
散布図, 11, 167
サンプリング, 105, 106
サンプルサイズ, 141
σ-加法族, 31
時系列データ, 20
次元, 2
事後確率最大化法, 110, 114
自己共分散, 22
自己相関, 22
事後分布, 114
事象, 29
指数分布, 64
事前分布, 114
実現する, 107
実現値, 107
質的データ, 2, 161
四分位範囲, 8
四分位偏差値, 7
射影行列, 167
重回帰分析, 155
従属変数, 158
重点サンプリング, 196
自由度, 66, 68
周辺分布, 75
主観的確率, 28
主成分得点, 169
主成分分析, 169
主成分方向, 169

索　引

種類, 2
条件付確率, 80
条件付確率密度関数, 82
条件付き期待値, 83
人口密度, 23
信頼係数, 131
信頼度, 131
推測統計学, 1, 106
推定値, 110
推定量, 110
スチューデントの t 検定, 146
正規分布, 48, 62, 68
正の相関がある, 11
積事象, 32
説明変数, 158
漸近正規推定量, 125
全事象, 29
相関係数, 14, 76
統計的推測, 106
相対度数, 3

た行

第 1 四分位数, 8
対応のある 2 群の t 検定, 144
第 3 四分位数, 8
対数正規分布, 94
大数の強法則, 99
大数の弱法則, 97
代表値, 5, 105
対立仮説, 140
対応のない 2 群の t 検定, 145
互いに俳反, 32
多項分布, 58
多次元データ, 167
多重固有値, 170

畳み込み, 89
多変量正規分布, 192
ダミー変数, 161
単回帰分析, 155
地域区分データ, 23
チェビシェフの不等式, 95
中位値, 5
中央値, 5
中心極限定理, 71
超幾何分布, 60
ちらばり, 4
定常性, 23
データ, 1
データ数, 5
データ点, 1
点過程データ, 23
デンドログラム, 185
ド・モルガンの法則, 32
統計的推計, 25
等高線図, 23
同時確率関数, 73
同時確率密度関数, 74
同時分布, 73
等分散性, 148
トーマス・ベイズ, 85
特異値分解, 176
独立, 77
独立性の検定, 66
独立変数, 158
度数, 3
度数分布表, 3

な行

2 群の t 検定, 144
二項分布, 54

210

索　引

２次元確率変数, 73
２次元データ, 11

は行

箱ひげ図, 8
外れ値, 9, 68
パラメータ, 51, 109
パラメータ推定, 113, 115
半正定置対称行列, 170
判別関数, 179
判別問題, 179
ヒートマップ, 23
比較の区間推定, 135
被説明変数, 158
非線形回帰分析, 155, 162
左に裾を引いた分布, 6
非復元抽出, 60
標準化, 63
標準正規分布, 63, 69
標準偏差, 7, 53
表側, 18
表頭, 18
標本, 106
標本空間, 29
標本抽出, 106
標本点, 30
標本分散, 122
標本モーメント, 111
非零固有値, 176
頻度主義, 110
フィッシャーの線形判別分析, 180
不可算無限, 31
負の相関がある, 11
負の二項分布, 59
不偏推定量, 123

不偏性, 122
不偏分散, 7, 122
プロット, 11, 105
分割表, 17
分割表の独立性の検定, 150
分散, 7, 53
分散関数, 74
分散共分散行列, 169
分配法則, 32
分布, 53
分布関数, 48
分布収束, 100
分類・判別問題, 178
分類問題, 179
平均, 22
平均値, 5
平均の差の区間推定, 135
平均ベクトル, 169
ベイズ確信区間, 137
ベイズ主義, 51, 68
ベイズ主義における区間推定, 137
ベイズ主義のパラメータ推定, 136
ベイズ信用区間, 137
ベイズ信頼区間, 137
ベイズ統計学, 86
ベイズの定理, 85, 113
ベータ関数, 67
ベータ分布, 67
冪集合, 31
ベルヌーイ分布, 52
偏回帰係数, 159
ポアソン回帰, 155
ポアソン分布, 56
棒グラフ, 10
母集団, 106

211

索　引

母集団分布, 109
母数, 51
母分散の区間推定, 134
母平均の区間推定, 133

ま行

マルコフ連鎖モンテカルロ法, 196
右に裾を引いた分布, 6
未定乗数, 171
無相関, 76
モード, 117
モーメント, 111
モーメント法, 110, 111
モーメント母関数, 89
目的変数, 158
モザイクプロット, 19
モデル化, 29
モデル選択, 165
モンテカルロ法, 189

や行

ヤコビアン, 93
有意水準, 141
尤度, 114
尤度関数, 112
余事象, 32
予測変数, 158

ら行

ラグランジュの未定乗数法, 171
ラプラス, 27
乱雑性, 109
乱数, 192
離散一様分布, 61
離散確率分布, 46

離散確率変数, 46
離散データ, 2
両側検定, 142
量的データ, 2, 161
累積度数, 3
レンジ, 5
連続確率分布, 48
連続確率変数, 48
連続型確率変数, 48
連続データ, 2
ロジステック回帰, 155

わ行

和事象, 32

□基幹講座 数学 代表編集委員

砂田 利一（すなだ としかず）
　　明治大学総合数理学部教授

新井 敏康（あらい としやす）
　　千葉大学大学院理学研究科教授

木村 俊一（きむら しゅんいち）
　　広島大学理学部教授

西浦 廉政（にしうら やすまさ）
　　東北大学原子分子材料科学高等研究機構教授

□著者

中村 和幸（なかむら かずゆき）
　　明治大学総合数理学部准教授

基幹講座 数学 統計学　　　　　　　　　　　　　　Printed in Japan

2017 年 5 月 25 日 第 1 刷発行　　　　　ⒸKazuyuki Nakamura 2017

編　　者　基幹講座 数学 編集委員会
著　　者　中村和幸
発行所　東京図書株式会社
　　　〒102-0072 東京都千代田区飯田橋 3-11-19
　　　振替 00140-4-13803 電話 03(3288)9461
　　　http://www.tokyo-tosho.co.jp/

ISBN 978-4-489-02257-9